智微园大学生科技服务团"协同育人"系列丛书

襄阳市浓香型白酒窖泥
微生物多样性研究

湖北文理学院智微园大学生科技服务团 ◎ 编　著

西南交通大学出版社

·成　都·

图书在版编目（ＣＩＰ）数据

襄阳市浓香型白酒窖泥微生物多样性研究 / 湖北文
理学院智微园大学生科技服务团编著. 一成都：西南交
通大学出版社，2019.6

（智微园大学生科技服务团"协同育人"系列丛书）

ISBN 978-7-5643-6920-0

Ⅰ．①襄… Ⅱ．①湖… Ⅲ．①浓香型白酒 – 人工窖泥
– 微生物 – 生物多样性 – 研究 – 襄阳 Ⅳ．①TS261.3

中国版本图书馆 CIP 数据核字（2019）第 117019 号

智微园大学生科技服务团"协同育人"系列丛书

襄阳市浓香型白酒窖泥微生物多样性研究

湖北文理学院智微园大学生科技服务团　　编著

责 任 编 辑	牛　君
封 面 设 计	曹天擎
	西南交通大学出版社
出 版 发 行	（四川省成都市金牛区二环路北一段 111 号
	西南交通大学创新大厦 21 楼）
发行部电话	028-87600564　028-87600533
邮 政 编 码	610031
网　　　址	http://www.xnjdcbs.com
印　　　刷	成都勤德印务有限公司
成 品 尺 寸	170 mm × 230 mm
印　　　张	6.5
字　　　数	111 千
版　　　次	2019 年 6 月第 1 版
印　　　次	2019 年 6 月第 1 次
书　　　号	ISBN 978-7-5643-6920-0
定　　　价	36.00 元

图书如有印装质量问题　本社负责退换

版权所有　盗版必究　举报电话：028-87600562

《襄阳市浓香型白酒窖泥微生物多样性研究》
指导教师团队名单

湖 北 文 理 学 院　郭　壮　张振东　赵慧君　侯强川

王玉荣　折米娜　王海燕　汪　娇

湖北古襄阳酒业有限公司　刘　平　刘文汇　杨少勇

资助项目：

湖北文理学院教师科研能力培育基金"双百行动计划"专项
（PYSB20181060）

湖北文理学院协同育人专项（2018025）

《襄阳市浓香型白酒窖泥微生物多样性研究》
智微园大学生科技服务团参与人员名单

食品科学与工程 14 级	蔡宏宇　杨成聪
食品科学与工程 15 级	沈馨　王丹丹　邹金　张毅
食品质量与安全 15 级	杨小丽
食品科学与工程 16 级	尚雪娇　董蕴　倪慧　周书楠
	杨江　颜娜　望诗琪　吕虎晋
	邓风　杨发容　许小玲　代程洋
食品质量与安全 16 级	舒娜
食品科学与工程 17 级	葛东颖　向凡舒　崔梦君　李娜
	雷炎　马佳佳　张逸舒

前　言

自 2013 年襄阳市委市政府从振兴襄阳白酒产业大局出发，拟优化整合资源，陆续出台有针对性的扶优做强政策，提出了力争襄阳白酒产业过百亿元，打造鄂酒除稻花香、白云边之外的湖北白酒"第三极"的行业发展目标。作为我国销量最大的白酒类型，浓香型白酒是以粮谷为主要原料，经传统固态法发酵、蒸馏、陈酿和勾兑而成。浓香型白酒的发酵主要在窖池中完成，窖泥微生物区系的形成和演变决定了产品的最终质量，因此对窖泥中微生物的群落结构进行解析则显得尤为重要。

根据《湖北文理学院"协同育人 337 工程"实施方案》和《湖北文理学院"双百行动计划"实施细则》，智微园大学生科技服务团与湖北古襄阳酒业有限公司合作，以"襄阳市浓香型白酒窖泥微生物多样性研究"为切入点，积极引导食品科学与工程、食品质量与安全专业本科生参与科研创新活动，在窖泥微生物多样性解析，窖泥微生物分离、鉴定、收集和保藏等方面取得了初步的研究成果。

本书将团队成员前期发表的学术论文集结成册，以便食品科学与工程类专业师生和襄阳市浓香型白酒酿造企业技术人员翻阅斧正。全书共分 7 章，第 1 章为白酒窖泥微生物多样性研究方法及进展，第 2 章为基于 Miseq 高通量测序技术古襄阳酒窖泥细菌多样性评价，第 3 章为丢糟窖窖泥细菌多样性评价，第 4 章为退化和正常窖泥微生物多样性的比较分析，第 5 章为基于 DGGE 的窖泥细菌与乳酸菌多样性研究，第 6 章为浓香型白酒窖泥中乳酸菌的分离及其在柑橘酒中的应用，第 7 章为襄阳浓香型白酒窖泥中乳酸菌分离株目录。

本书的出版得到了湖北文理学院科学技术处"双百行动计划"专项和湖北文理学院教务处协同育人专项经费资助，在此我们表示感谢。

编　者

2018 年 11 月

目　录

第 1 章　白酒窖泥微生物多样性
研究方法及进展

　　白酒是中国特有的一种蒸馏酒，由于白酒的酿造工艺、生产环境以及酒曲制作方式的不同，形成了浓香型、酱香型、清香型、米香型等主要香型白酒，还由此衍生出兼香型等多种类型[1]。浓香型白酒以粮谷为主要原料，经传统固态法发酵，蒸馏，陈酿，勾兑而成，以己酸乙酯为主体复合香，是我国销量最大的白酒类型[2]。浓香型白酒使用泥窖发酵，窖池的优劣对浓香型白酒生产至关重要，以优质老窖养老糟才能生产好酒。上千年的驯化与自然选择，孕育了知名酒厂酒窖中独特的微生物区系，它们相互共生，相互竞争，通过复杂的相互作用关系，形成了一个稳定的生态群体。窖泥是白酒固体发酵过程中微生物的重要来源，是影响白酒的口感与品质的重要因素[3-4]。因此，对窖泥中微生物的研究意义不言而喻。

　　近几十年来，科技不断进步，窖泥中的微生物研究技术手段也在不断推陈出新。首先是不依赖于聚合酶链式反应（Polymerase chain reaction，PCR）的传统的培养方法、磷脂脂肪酸（Phospholipid fatty acid，PLFA）以及荧光原位杂交（Fluorescence in situ hybridization，FISH）等方法。然后是基于 PCR 的宏基因组研究策略如克隆文库、变形梯度凝胶电泳（Denaturing gradient gel electrophoresis，DGGE）以及目前研究的主流——第二代测序技术，也是目前窖泥微生物研究的主要方法。本文将对浓香型白酒窖泥微生物研究中常用的技术方法进行介绍，并介绍它们在白酒窖泥微生物研究中的应用进展。

1.1　传统纯培养方法及其在窖泥微生物研究中的应用

　　纯培养技术是最早应用于微生物群落结构的研究手段，主要是使用不同营养成分的培养基对环境样品中微生物进行分离，然后根据微生物的菌落形态、生理生化来确定微生物的分类情况。后来引入了分子生物学方法后，对所分离的纯培养原核微生物的 16S rDNA[5-6]基因和真菌微生物的 26S rDNA 或者 ITS（Internal transcribed spacer）[7]间区序列对微生物进行分类，以此获取微生物的群落结构信息。

以纯培养方法对窖泥中的微生物进行研究由来已久。但是由于自然环境中仅有 0.1%~10%的微生物可以被培养分离，采用传统的纯培养方法容易导致目标环境中大量微生物无法培养，从而造成对样品中微生物多样性的低估。以岳元媛等的研究为例：采用厌氧培养方法对窖泥中的细菌进行了筛选分离，共得到 8 个属的细菌，分别是芽孢杆菌属、假单胞菌属、梭菌属等，绝大多数为兼性厌氧细菌，梭菌属细菌仅占 1%左右[7]，这与采用未培养技术得到的结果大相径庭。

尽管传统纯培养技术具有许多局限性，但是该技术到现在仍在被广泛使用。这主要是由于该技术是研究特定种类的微生物生理生化特征，并将一些微生物应用于工业化的重要方法。科研人员也对传统纯培养技术进行了改进[8-9]：模拟自然环境，在分离海洋细菌时，使用海水配制培养基；改善培养条件，在培养厌氧细菌时，使用厌氧工作站；使用共培养技术，将共栖的两种或者数种微生物一起培养等，但是仍然达不到未培养方法对样品中微生物多样性研究的效果，因此发展起来了多种不依赖于传统培养技术的方法。

目前采用传统纯培养技术对窖泥中的微生物研究，多集中在梭菌属。最初对白酒窖泥中的微生物研究发现，在这些复杂多样的微生物中，有一种呈鼓槌状的产芽孢杆菌（梭菌），能以乙醇、乙酸经丁酸合成己酸，这类微生物被称为己酸梭菌。1942 年，该菌被命名为 *Clostridium kluyveri*[10]。自从 1964 年己酸乙酯作为白酒中的香气成分被发现以来，己酸菌在白酒发酵过程中的作用逐渐被人们认识到，优质的己酸菌被发掘出来，如内蒙 30、黑轻 80 等，黑轻 80 己酸产量为约 380 mg/100 mL[11]。学者对典型的浓香型白酒如泸州老窖[12]、五粮液酒业[13]、安徽金种子酒业[14]、江苏汤沟酒业[15]等窖池窖泥中己酸菌进行了大量的研究工作，收集到了不少品质优良，己酸产量高的菌株，最高己酸产量可达 4.36 g/L。己酸细菌是窖泥微生物的研究中最重要的发现之一，其含量是评估窖泥质量的基础。优质的己酸菌被用于退化窖池的养护[16-17]，还被用于生产人工窖泥[18]。使用己酸菌制作的人工窖泥在短期内就可生产出优质酒，打破了非 50 年老窖不能生产名酒的说法。

1.2　PLFA 技术及其在窖泥微生物研究中的应用

　　泸州老窖是国内浓香型白酒的典型代表，保存有入选吉尼斯世界纪录、拥有 400 多年窖龄、国内最古老的白酒窖池。对窖泥微生物多样性报道最多的当属对泸州老窖酒业的窖泥研究，研究方法集中在了 PLFA、克隆文库、PCR-DGGE（Polymerase chain reaction-denaturing gradient gel electrophoresis）及第二代测序技术。

　　磷脂脂肪酸是生物细胞膜的主要成分，仅存在于活细胞膜中，当微生物死亡后，脂肪酸就会被代谢掉。细胞中包含脂肪酸的脂类物质主要有碳水化合物、脂性醇、磷脂、糖脂和中性脂等[19]。通常这些脂类物质在同一种微生物中是稳定的，并且操作难度与试验条件要求较低，因此 PLFA 指纹图谱技术被开发出来，在对窖泥、土壤、食品等多种环境的微生物的研究中得到应用[19-21]。Tunlid 在 1985 年首次利用磷脂脂肪酸技术对油菜根际微生物的群落结构进行了研究，此后该技术逐渐被引入其他的微生物研究领域。窖泥是一种特殊的土壤，因此在窖泥微生物的研究中也引入了磷脂脂肪酸技术。刘琨毅[21]等对窖泥微生物的分析表明，厌氧革兰氏阳性菌和真菌是窖泥中的优势菌群，不同窖龄窖泥中的微生物 PLFA 含量不同，300 年窖龄中 PLFA 含量大于 5 年与 100 年窖龄[22]。但是另一研究报道了泸州老窖 20、50、100、200、300 年窖泥中革兰氏阴性菌、革兰氏阳性菌与需氧菌的比例并无显著差异[23]。

　　总体上来说，PLFA 技术不依赖于分离和培养的技术，更为快速、简便，操作难度更低，但是磷脂脂肪酸分析方法不能对微生物在种或菌株水平上加以区分[25]，所以常与其他分析技术，如 DGGE 或传统培养方法相结合，用于的窖泥微生物研究。

1.3　克隆文库技术及其在窖泥微生物研究中的应用

　　克隆文库是 20 世纪末在对微生物多样性的研究中被开发出来。通过构建克隆文库分析微生物群落时，首先要获得样品总 DNA，以提取到的总 DNA 为模板 PCR 扩增微生物的 16S rDNA 基因，然后将得到的扩增产物与载体连接，转化感受态细胞，通过蓝白斑筛选，挑取阳性克隆进行测序，根据测序结果判断样品中的微生物信息[25-27]。这一方法最早在 1991 年被 Giovannoni 等用来分析浮游细菌多样性[28]。由于克隆文库法针对原核微生物的 16S rDNA 全长，且避开了传统的纯培养方法，能将一些对营养要求苛刻的微生物鉴定出来，因此能更全面地反映样品中的微生物多样性；由于采用该方法能几乎获取微生物的 16S rDNA 全序列，所以结果也更加准确，被用于白酒窖泥微生物的研究。

2013 年，刘森等[25]采集了四川一浓香型白酒公司 20 年窖池窖泥样品，从窖池上层窖泥中检测到 Clostridium、Lactobacillus 两个菌属，中层检测到 5 个菌属，分别是 Lactobacillus、Serratia、Clostridium、Bacillus、Caloramator，窖池下层检测到 4 个菌属，分别是 Lactobacillus、Clostridium、Bacillus、Caloramator，发现窖池不同位置的微生物分布显著不同。在所有样品中，Clostridium 与 Lactobacillus 菌属在各层样品中均占 20%以上，为优势菌属。2014 年[28]，同样采用克隆文库法对安徽金种子酒业的浓香型白酒窖泥微生物进行了解析，发现退化窖泥中优势菌门为 Firmicutes 与 Bacteroidetes，而老窖泥中 Firmicutes 与 Chloroflexi 为优势菌门。尽管通过克隆文库法对窖泥的研究取得了一些成果，但是由于该法操作繁琐，且耗时耗力，因此已逐渐被 DGGE 与二代测序技术取代，很少出现在近几年的研究报道中。

1.4 PCR-DGGE 技术及其在窖泥微生物研究中的应用

DGGE 技术能用于环境中细菌、蓝细菌、古菌、微型真核生物、真菌生物和病毒群落的生物多样性的分析，目前主要研究对象是原核微生物及真菌微生物。原理是在聚丙烯酰胺凝胶基础上，加入了变性剂（尿素和甲酰胺）使聚丙烯酰胺凝胶从上到下呈现从小到大的变性梯度，PCR 产物沿着化学梯度有不同解链行为，在凝胶的不同位置上停止迁移而分离开来[29]。PCR-DGGE 分析微生物多样性的试验流程为：首先是样品总 DNA 的提取；然后以总 DNA 为模板进行 PCR 扩增；制作相应梯度的聚丙烯酰胺凝胶,然后在样品孔添加样品的 PCR 产物进行聚丙烯酰胺凝胶电泳;对聚丙烯酰胺胶进行染色,挑取条带回收,克隆与测序,对聚丙烯酰胺胶进行分析[29-30]。

  细菌 16S rDNA 基因含有多个可变区与保守区[5](图 1-1),由于 DGGE 对大于 500 bp 的 DNA 片段分离度较差,通常使用 16S rDNA 基因中的一个或者两个区段。由于 PCR-DGGE 技术不需要培养,检测快速,成本低,目前仍然与第二代测序技术同为当前白酒窖泥中微生物研究的主要技术。自从 1993 年,Muyzer[30]第一次将 PCR-DGGE 技术引入微生物多样性的研究以后,该技术就在与微生物相关的各个领域得到广泛应用,在白酒窖泥微生物的研究也引入了 PCR-DGGE 技术(表 1-1),且成为白酒窖泥研究的主要研究方法。

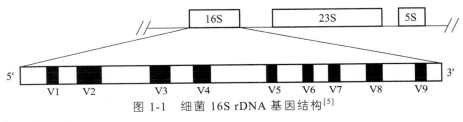

图 1-1 细菌 16S rDNA 基因结构[5]

表 1-1 白酒窖泥中微生物的研究方法

技术方法	样品特点	作者/年份/来源
DGGE	泸州老窖 20、100、200、300 年窖泥	Deng B,Shen C H,Shan X H,et al. 2012[31]
RFLP	泸州老窖 20、40、100、400 年窖泥	吴英英. 2013[32]
DGGE 与 PLFA	泸州老窖 20、50、100、200 和 300 年窖泥	Zheng J,Liang R,Zhang L Q,et al. 2013[24]
Roche 454	内蒙古河套酒业发酵 0 d、10 d、20 d、30 d 窖泥	王福桢. 2014[33]
DGGE	泸州老窖 1、2、3、4 年窖龄人工窖泥	Ding X F,Wu C D,Huang J,et al. 2014[34]
DGGE	泸州老窖窖泥	Hu X L,Wang H Y,Wu Q,et al. 2014[35]

续表

技术方法	样品特点	作者/年份/来源
DGGE	泸州老窖 200 年窖池底部与池壁窖泥	Ding X F，Wu C D，Zhang L Q，et al. 2014[36]
Roche 454	四川绵竹某酒厂 1、10、25、30 年窖泥	Tao Y，Li J B，Rui J P，et al. 2014[37]
克隆文库	安徽金种子酒业窖泥	Luo Q C，Liu C L，Li W F，et al. 2014[28]
Illumina MiSeq、Roche 454	泸州老窖 20、40、100、400 年窖泥	熊亚. 2015[26]
Illumina MiSeq	江苏汤沟退化窖泥，正常窖泥，优质窖泥	胡晓龙. 2015[15]
DGGE 与 PLFA	泸州老窖 2、10、30 年窖龄窖泥	Ding X F，Wu C D，Huang J，et al. 2015[38]
DGGE	泸州老窖窖龄 1、50、100、300 窖泥	Wu C D，Ding X F，Huang J，et al. 2015[39]
DGGE	泸州老窖老窖泥，退化窖泥	Liang H P，Li W F，Luo Q C，et al. 2015[40]
DGGE、PLFA、FISH	宜宾叙府酒业 0、1、2 年人工窖泥	Zhang L Q，Zhou R Q，Niu M，et al. 2015[41]
MiSeq	枝江大曲 10、20、30 年窖泥	黄莹娜. 2016[42]
Illumina	泸州老窖发酵粮谷（冬天与夏天）	Sun W N，Xiao H Z，Peng Q，et al. 2016[43]
DGGE	泸州老窖酒业四川安徽窖池成熟窖泥与退化窖泥样品	Liang H P，Luo Q C，Zhang A，et al. 2016[44]
Illumina MiSeq	江苏汤沟正常窖泥，退化窖泥，高品质窖泥	Hu X L. Du H，Ren C，et al. 2016[45]
DGGE、MiSeq	泸州老窖 5 年与 100 年窖泥	Liu M K，Tang Y M，Zhao K，et al. 2017[46]
TruSeq	湖南某酒厂大曲，发酵粮谷，窖泥	Wang X S，Du H，Xu Y. 2017[47]

2014 年，Ding 等[34]使用 DGGE 法对泸州老窖不同窖龄的人工窖泥中微生物进行了研究：共检测到 2 个细菌菌门，分别是 Proteobacteria 和 Firmicutes，检测到 9 个菌科。样品中的主要微生物类群是 Clostridiaceae，Lactobacillaceae。Clostridiaceae 占总微生物的 46.2%。Lachnospiraceae 微生物仅在新窖泥中出现，而在 3 年与 4 年窖龄窖泥中消失；而 Ruminococcaceae 相反，在 4 年窖龄窖泥中出现，而在新窖泥中消失。2013 年，Zheng 等[23]对泸州老窖 20 年窖龄与 300 年窖龄窖泥的分析表明，20 年窖泥主要类群为 *Lysinibacillus* 与 *Clostridium*；300 年窖泥主要类群为 *Lysinibacillus*，*Soilbacillus*，*Clostridium*，不同窖龄窖泥中微生物存在显著差异。2015 年，胡晓龙[35]等还专门针对窖泥中己酸梭菌 16S rRNA 基因序列的 V4 和 V5 可变区，设计了 DGGE 检测引物对（SJ-F 和 SJ-R），能特异性解析窖泥中梭菌菌群多样性，能灵敏且准确地对窖泥梭菌菌群组成及多样性进行研究。

虽然目前 PCR-DGGE 具有不需要培养，且检测快速，成本低等一系列优势，是白酒窖泥微生物群落结构的主要研究方法，但仍具有一些缺陷[48]：仅能检出样品中含量超过 1%的微生物，对一些含量低但可能具有重要功能的微生物不能有效地检测；DGGE 图谱中条带信息量低，可能会低估窖泥中优势微生物的多样性；PCR 产物片段长度大于 500 bp 的序列不适用于该法，因此在以后可能会被高通量测序技术取代。

1.5　第二代测序技术及其在窖泥微生物研究中的应用

1977 年 Sanger 发明了双末端终止测序法，即第一代测序方法。测序技术不断革新，科研人员在一代测序技术的基础上，开发出的二代测序技术，即高通量测序法逐渐成为目前窖泥中微生物研究的重要手段，在传统发酵食品微生物中得到广泛的应用[49]。高通量测序技术的应用从 2006 年至今呈现明显的上升趋势。目前常用的二代测序平台主要是以 Illumina 公司的 Solexa 平台、ABI 公司的 SOLiD 平台和 Roche 公司的 454 平台为代表[50-51]。二代测序测序的基本操作流程主要包括克隆文库制备、DNA 片段固定、DNA 片段单分子扩增、测序反应、光学图像采集与处理及序列拼接及组装[50]，具有：通量高（能得到 0.035～1800 Gb 的数据信息）；准确率高；成本低；试验周期短；相比于传统可培养及其他分子手段，能检测到环境样品中稀有种属，即能全面客观地揭示目标环境中微生物群落信息，同时获得定性及相对定量信息等优势[50-51]，因此被广泛地应用于窖泥及其他样品中微生物的多样性研究。

2017 年，Liu 等[46]，同时采用 DGGE 与 Illumina MiSeq 二代测序技术分别对泸州老窖 5 年与 100 年窖泥中的真菌微生物进行了研究。DGGE 法仅检测到了样品中 12 个菌属，而 MiSeq 法检测到 4 个菌门（Ascomycota，Zygomycota，Basidiomycota，Chytridiomycota）与 111 个菌属，所获取的窖泥中的微生物信息量远大于 DGGE 法：泸州老窖 5 年与 100 年样品中检测到 Rhizopus，Aspergillus，Phoma 等 19 个核心菌属，5 年窖龄窖泥优势菌属为 Rhizopus，Phoma，Trichosporoni；100 年窖龄优势菌属为 Aspergillus，Candida。按照 Yilmaz 等的观点，自然界中绝大多数或者 99%的微生物在实验室难以富集培养生长[52]，而 DGGE 由于技术本身的缺陷不能对低于 1%的微生物类群进行表征，因此高通量测序法具有天然的优势。

酒窖窖泥环境比较特别，有较高的乙醇含量、较低的 pH 值及较低的氧气含量，窖泥中微生物群落结构复杂多样。对泸州老窖 30 年与 300 年窖龄的窖泥中细菌微生物进行了研究[53]：300 年窖泥中古菌主要属于 Euryarchaeota，占 8.8%～16.6%；30 年窖泥中 Euryarchaeota 仅占 0.6%，含量远低于 300 年窖泥。在 30 年窖泥中，Firmicutes 是优势菌门，占 92%以上，主要是乳酸菌 Lactobacillus，占 90%以上；而 300 年窖泥中，Firmicutes 也作为优势菌门，占到 43%以上，主要是乳酸菌 Lactobacillus，占 22%～41%，远远低于 30 年窖泥。而 Clostridiales 在 300 年窖泥中占到 21%～40%，Clostridium 占 2.6%～4.9%；Clostridiales 在 300 年窖泥中占约 2.5%，Clostridium 仅占 0.35%。可以看出，新老窖池窖泥中微生物群落结构存在显著差异。Hu 等[45]对江苏汤沟浓香型白酒优质窖泥、普通窖泥与退化窖泥中细菌微生物进行了分析，发现在退化窖泥有中仅有 2 个优势菌属：Lactobacillus，Ruminococcus；常规窖泥中有 Lactobacillus，Caloramator，Clostridium 等 12 个优势菌属；而优质窖泥中有 Lactobacillus，Caloramator，Clostridium 等 15 个优势菌属。随着窖泥质量的增加，检测到 Lactobacillus 含量显著减少，而 Clostridia、

Bacteroidia、Methanobacteria 及 Methanomicrobia 等 4 个菌纲的核心属含量明显增加，表明这 4 个纲的微生物含量增加及 Lactobacillus 含量减少有利于提高窖泥的质量。分析后认为，高乳酸含量，低 NH_4^+、pH 值、有机磷含量是导致窖泥退化的外因。

　　另外胡晓龙等[15]通过网络分析方法分析了微生物群落结构的相关性，从正相关网络图谱中获得了 13 个 hubs，这些 hubs 与其他微生物间有着很强的相关联系，在这些微生物之间也存在协同作用，有利于窖泥环境中的碳、氮及硫元素循环及窖泥风味物质形成。从负相关网络图谱中共发现 3 个 hubs，包括 Lactobacillus、Pediococcus 和 Streptococcus，3 个属是典型的乳酸菌菌属，它们与多种微生物呈负相关关系。这也说明乳酸菌与其他窖泥微生物类群存在着一定的拮抗作用，能抑制其他微生物类群的生长繁殖。窖泥微生物类群之间存在着复杂相互作用关系，认识和解析窖泥中的微生物信息，将有助于人们采取措施有目的干预窖泥中的特定微生物，来提升白酒酒质与白酒生产效率。

　　虽然通过第二代测序方法比 DGGE 法获取的信息量更多，对窖泥中微生物的解析更为精细，但事实上二代测序技术并非无懈可击。由于测序读长所限，大部分研究只能以 16S rRNA 可变区部分区段为扩增、测序靶点，致使对微生物分析鉴定只能停留在"属"水平，甚至"科"水平，不能对环境中微生物群落结构进行精准描述。

1.6　第三代测序技术简介

　　科研人员针对二代测序技术的不足，开发出第三代测序技术，包括 Helicos Biosciences 公司的单分子 DNA 测序（True single molecular sequencing，tSMS）、Pacific Bioscience（PacBio）公司的单分子实时测序（Single molecule real time sequencing，SMRT）以及 Oxford Nanopore 的纳米孔单分子技术[54-55]。以 PacBio SMRT 测序技术为例，PacBio 公司的 SMRT 技术基于边合成边测序的思想，核心是零模式波导技术（Zero-mode waveguide technology，ZMW），以 SMRT 芯片为载体进行测序反应。ZMWs 直径为 100 nm、厚度为 70 nm，刚好容纳一个 DNA 聚合酶分子，从而观察到 DNA 链合成过程。测序过程中，DNA 聚合酶附着在 ZMW 孔底部,携带荧光标记的碱基,以单分子 DNA 为模板。在读取模板过程中,DNA 聚合酶能结合不同碱基会发出不同颜色的信号,从而判别碱基种类[56-57]。

Mosher 等[56]在 2014 年,使用 PacBio SMRT 测序技术对环境样品微生物多样性进行研究,认为 SMRT 技术比 Roche/454 测序技术精度要高。对 16S rDNA 基因 V4 区的测序表明,SMRT 技术的错误率为 Roche 454 与 MiSeq 等二代测序平台的 1/8[57]。使用 SMRT 技术对铁皮石斛和丹参基因组的研究,充分说明了 SMRT 技术的优越性,读长更长,且能免受 DNA 中高 GC 含量的影响,在对复杂基因组完整组装分析时,体现出了巨大的优越性[58]。此外,SMRT 技术能识别 DNA 的甲基化,应用大对生物 DNA 甲基化研究中。在对传统发酵食品如米酒曲[59]、泡菜[60]、乳制品与肠道微生物[61]的研究中也引入了 SMRT 三代测序技术,但尚未见到三代测序技术在白酒窖泥微生物研究中的任何报道。

1.7 宏基因组技术及其在窖泥微生物研究中的应用

宏基因组学也称为环境基因组学、元基因组学、生态基因组学。Handelsman 等[62]于 1998 年第一次将宏基因组(metagenome)定义为"the genomes of the total microbiota found in nature",即环境中全部微生物群的所有遗传物质,以环境样品中的微生物群体基因组为研究对象,以微生物多样性、种群结构、进化关系、功能活性、相互协作关系及与环境之间关系为研究目的的研究方法。与传统培养法及高通量测序技术相比,宏基因组测序分析有以下优点:不需要培养微生物,能客观全面地还原菌群结构;测序周期短;测序通量大、灵敏度高,能对样品中总的微生物群落结构进行功能及代谢通路的分析[63-64]。

宏基因组技术的分析步骤为:首先提取环境样品 DNA,经克隆转化、构建文库,最后上机测序。通过生物信息学分析,将下机后的原数据去除污染和接头序列、含 N 碱基序列、质量值小于 20 的序列、长度小于 50 bp 的短序列,获得的高质量序列进行序列拼接。获得的数据均进行两方面的分析:一方面进行物种分类学注释,分析种群分布,对不同生境下的种群进行比较分析；另一方面进行功能分析，首先将拼接好的 Contigs 进行开放阅读框预测，之后利用数据库进行功能注释和代谢通路分析。常用的功能注释数据库有 COG、KEGG、Nt、Nr、GO、Swiss-Prot、SEED 等。常用的代谢通路数据库包括 KEGG、RegulonDB、BioCyc、WikiPathwans、Reactome[64-66]等。

　　白酒固态发酵是一个复杂的过程，在窖泥中存在着大量难以培养的微生物，因此，通常对于菌群发酵机制及其相互作用知之甚少，而元基因组的方法不需要对菌株进行分离而直接测序，对窖泥微生物研究非常有效。2017 年，Tao 等[67]通过 metagenomics 法对绵竹市的浓香型白酒窖泥进行了研究，检测到了脂肪酸链延伸途径中的关键基因，重构了脂肪酸碳链延伸途径，该途径含有己酸合成途径的关键酶，表明窖泥微生物具有以乙醇或丙酮酸为底物合成己酸的能力。另外获取了窖泥微生物中甲烷合成途径中编码产氢酶与乙酸分解酶的基因，表明在甲烷菌与己酸菌之间存在氢转移作用，重构了基于 *Clostridium*、*ClostridialclusterIV*、*Methanoculleus* 与 *Methanosarcins* 种间氢转移作用的己酸合成途径。另外根据分析结果，*Clostridialcluster IV*、*Caloramator*、*Clostridium*、*Sedimentibacter*、*Bacteroides* 与 *Porphyromonas* 等 6 个菌属构成了窖泥中己酸合成的活性微生物环境，*Clostridialcluster IV* 与 *Clostridium* 能直接合成己酸。

1.8　展　望

　　浓香型白酒采用泥窖发酵，在白酒糟醅发酵过程中，窖泥中的微生物逐渐进入白酒糟醅中，窖泥来源的微生物约占糟醅中总微生物的 14%[47]，多数属于厌氧微生物。由于形成浓香型白酒主体香型物质己酸乙酯前体己酸的微生物多数属于厌氧梭菌[15]，窖泥微生物在白酒发生产中的重要性不言而喻。克隆文库、DGGE、第二代测序技术等分子生物学技术的发展，使人们对窖泥微生物多样性的认识上了一个新台阶，但并不能满足人们对白酒窖泥中微生物研究的要求。白酒窖泥环境，具有低 pH 值，高乙醇含量，低氧等特殊的特点，经过长时间的富集与驯化，蕴含了复杂的微生物类群。为进一步认识白酒窖泥间微生物在代谢上的联系，浓香型白酒以己酸乙酯为主体的复合香产生的微生物机制，对白酒香型物质产生具有重要贡献的微生物之间的生态关系，对白酒香气化学组分形成不利的微生物类群，新的科学技术的出现为白酒窖泥的这些科学问题的解决提供了可能。

鉴于第三代高通量测序技术的读长可以覆盖 16S rDNA 全长，测序精度高，不受高 GC 影响等一系列优点而越来越受到学者的青睐，同时宏基因组策略也在微生物群落代谢与功能中的研究中得到广泛应用。预计将来第三代测序技术与宏基因组在白酒窖泥中的应用会越来越多，将两者结合起来，将有助于人们加深对白酒固态发酵过程的认识，破解窖泥微生物群落中与白酒香型形成的基因代码与代谢机制，解决人们在白酒生产中的问题，以便更高效率的生产高品质的白酒。

参考文献

[1] 沈才洪，应鸿，张宿义，等. 中国白酒香型的发展[J]. 酿酒，2004，31（6）：3-4.

[2] 张宿义,沈才洪,许德富,等. 浓香型白酒的技术发展回顾[J]. 酿酒，2009，36（1）：8-10.

[3] 倪斌，易彬，刘向阳，等. 浓香型酒人工窖泥酿造过程中微生物变化研究[J]. 中国酿造，2012，31（6）：157-160.

[4] 唐瑞. 己酸菌、窖泥与浓香型白酒之间的关系[J]. 酿酒，2005，33（4）：24-27.

[5] FUKUDA K, OGAWA M, TANIGUCHI H, et al. Molecular approaches to studying microbial communities：targeting the 16S ribosomal RNA gene[J]. Journal of Uoeh, 2016, 38（3）：223-232.

[6] DAS S, DASH H R, MANGWANI N, et al. Understanding molecular identification and polyphasic taxonomic approaches for genetic relatedness and phylogenetic relationships of microorganisms[J]. Journal of Microbiological Methods, 2014, 103：80-100.

[7]　岳元媛，张文学，刘霞，等. 浓香型白酒窖泥中兼性厌氧细菌的分离鉴定[J]. 微生物学通报，2007，34（2）：251-255.

[8]　徐德阳，王莉莉，杜春梅. 微生物共培养技术的研究进展[J]. 微生物学报，2015，55（9）：1089-1096.

[9]　李晓丹，屈建航，张璐洁，等. 微生物可培养性的影响因素及培养方法研究进展[J]. 生命科学研究，2017，21（2）：154-158.

[10]　WOLFE R S. Methanogens：a surprising microbial group[J]. Antonie Van Leeuwenhoek，1979，45（3）：353-364.

[11]　周恒刚. 80 年代前己酸菌及窖泥培养的回顾[J]. 酿酒科技，1997（4）：17-22.

[12]　吴衍庸，易伟庆. 泸州老窖己酸菌分离特性及产酸条件的研究[J]. 食品与发酵工业，1986（5）：4-9.

[13]　薛堂荣，陈昭蓉，卢世珩. 己酸菌 W_1 的分离特性及产酸条件的研究[J]. 食品与发酵工业，1988（4）：4-9.

[14]　彭兵，祝熙，李忠奎，等. 窖泥高产己酸菌分离鉴定及培养条件优化的研究[J]. 中国酿造，2016，35（5）：43-46.

[15]　胡晓龙. 浓香型白酒窖泥中梭菌群落多样性与窖泥质量关联性研究[D]. 无锡：江南大学，2015.

[16]　张家庆. 浓香型白酒窖泥养护与制曲关键技术研究[D]. 武汉：湖北工业大学，2015.

[17]　唐瑞. 己酸菌、窖泥与浓香型白酒之间的关系[J]. 酿酒，2005，33（4）：24-27.

[18]　姚万春，唐玉明，任道群，等. 优质人工窖泥的研制与应用[J]. 酿酒，2013（6）：43-46.

[19]　WILLERS C，JANSEN VAN RENSBURG P J，CLAASSENS S. Phospholipid fatty acid profiling of microbial communities-a review of interpretations and recent applications[J]. Journal of Applied Microbiology，2015，119（5）：1207-1218.

[20]　赵金松，郑佳，沈才洪，等. 基于磷脂脂肪酸分析技术的大曲微生物群落结构多样性研究. 2017，38（1）：160-164.

[21]　刘琨毅，卢中明，郑佳，等. 浓香型白酒窖泥微生物群落 PLFA

指纹图谱方法[J]. 应用与环境生物学报，2012（5）：831-837.

[22] 郑佳，张良，沈才洪，等. 浓香型白酒窖池微生物群落结构特征[J]. 应用生态学报，2011，22（4）：1020-1026.

[23] ZHENG J，LIANG R，ZHANG L Q，et al. Characterization of microbial communities in strong aromatic liquor fermentation pit muds of different ages assessed by combined DGGE and PLFA analyses[J]. Food Research International，2013，54（1）：660-666.

[24] FROSTEGÅRD Å，TUNLID A，BÅÅTH E. Use and misuse of PLFA measurements in soils[J]. Soil Biology & Biochemistry，2011，43（8）：1621-1625.

[25] 刘森. 中国浓香型白酒窖池窖泥中原核微生物群落空间异质性研究[D]. 成都：西华大学，2013.

[26] 熊亚. 泸州老窖不同窖龄窖泥中细菌及古菌中种群多样性和系统发育研究[D]. 雅安：四川农业大学，2014.

[27] BRITSCHGI T B，GIOVANNONI S J. Phylogenetic analysis of a natural marine bacterioplankton population by rRNA gene cloning and sequencing[J]. Applied & Environmental Microbiology，1991，57（6）：1707-1713.

[28] LUO Q C，LIU C L，LI W F，et al. Comparison between bacterial diversity of aged and aging pit mud from Luzhou-flavor liquor distillery[J]. Food Science & Technology Research，2014，20（4）：867-873.

[29] MA Y，HOMSTRM C，WEBB J，et al. Application of denaturing gradient gel electrophoresis（DGGE）in microbial ecology[J]. Acta Ecologica Sinica，2003，23：1561-1569.

[30] MUYZER G，DE WAAL E C，UITTERLINDEN A G. Profiling of complex microbial populations by denaturing gradient gel electrophoresis analysis of polymerase chain reaction-amplified genes coding for 16S rRNA[J]. Appl Environ Microbiol. 1993，59（3）：695-700.

[31] DENG B，SHEN C H，SHAN X H，et al. PCR-DGGE analysis

on microbial communities in pit mud of cellars used for different periods of time[J]. Journal of the Institute of Brewing, 2012, 118（1）: 120-126.

[32] 吴英英. 泸州老窖不同窖龄的窖泥中细菌多样性分析及四个细菌新种的确定[D]. 雅安: 四川农业大学, 2013.

[33] 王福桢. 北方浓香型白酒发酵微生物多样性分布模式解析[D]. 呼和浩特: 内蒙古大学, 2014.

[34] DING X F, WU C D, HUANG J, et al. Eubacterial and archaeal community characteristics in the man-made pit mud revealed by combined PCR-DGGE and FISH analyses[J]. Food Research International, 2014, 62（8）: 1047-1053.

[35] HU X L, WANG H Y, WU Q, et al. Development, validation and application of specific primers for analyzing the clostridial diversity in dark fermentation pit mud by PCR-DGGE[J]. Bioresource Technology, 2014, 163（7）: 40-47.

[36] DING X F, WU C D, ZHANG L Q, et al. Characterization of eubacterial and archaeal community diversity in the pit mud of Chinese Luzhou-flavor liquor by nested PCR-DGGE[J]. World Journal of Microbiology & Biotechnology, 2014, 30（2）: 605-612.

[37] TAO Y, LI J B, RUI J P, et al. Prokaryotic communities in pit mud from different-aged cellars used for the production of Chinese strong-flavored liquor[J]. Applied & Environmental Microbiology, 2014, 80（7）: 2254-2260.

[38] DING X F, WU C D, HUANG J, et al. Interphase microbial community characteristics in the fermentation cellar of Chinese Luzhou-flavor liquor determined by PLFA and DGGE profiles[J]. Food Research International, 2015, 72: 16-24.

[39] WU C D, DING X F, HUANG J, et al. Characterization of archaeal community in Luzhou-flavour pit mud[J]. Journal of the Institute of Brewing, 2015, 121（4）: 597-602.

[40] LIANG H P, LI W F, LUO Q C, et al. Analysis of the bacterial

community in aged and aging pit mud of Chinese Luzhou-flavour liquor by combined PCR-DGGE and quantitative PCR assay[J]. Journal of the Science of Food & Agriculture，2015，95（13）：2729-2735.

[41] ZHANG L Q，ZHOU R Q，NIU M，et al. Difference of microbial community stressed in artificial pit muds for Luzhou-flavour liquor brewing revealed by multiphase culture-independent technology[J]. Journal of Applied Microbiology，2015，119（5）：1345-1356.

[42] 黄莹娜. 枝江大曲酒窖泥微生物群落结构与多样性分析[D]. 武汉：华中农业大学，2016.

[43] SUN W N，XIAO H Z，PENG Q，et al. Analysis of bacterial diversity of Chinese Luzhou-flavor liquor brewed in different seasons by Illumina Miseq sequencing[J]. Annals of Microbiology，2016，66（3）：1293-1301.

[44] LIANG H P，LUO Q C，ZHANG A，et al. Comparison of bacterial community in matured and degenerated pit mud from Chinese Luzhou-flavour liquor distillery in different regions[J]. Journal of the Institute of Brewing，2016，122（1）：48-54.

[45] HU X L. DU H，REN C，et al. Illuminating anaerobic microbial community and cooccurrence patterns across a quality gradient in Chinese liquor fermentation pit muds[J]. Applied & Environmental Microbiology，2016，82（8）：2506-2515.

[46] LIU M K，TANG Y M，ZHAO K，et al. Determination of the fungal community of pit mud in fermentation cellars for Chinese strong-flavor liquor，using DGGE and Illumina MiSeq sequencing[J]. Food Research International，2017，91：80-87.

[47] WANG X S，DU H，XU Y. Source tracking of prokaryotic communities in fermented grain of Chinese strong-flavor liquor[J]. International Journal of Food Microbiology，2017，244：27-35.

[48] 高蕙文，吕欣，董明盛. PCR-DGGE 指纹技术在食品微生物

研究中的应用[J]. 食品科学, 2005, 26（8）: 465-468.

[49]　HE G Q, LIU T J, SADIQ F A, et al. Insights into the microbial diversity and community dynamics of Chinese traditional fermented foods from using high-throughput sequencing approaches[J]. Journal of Zhejiang University-SCIENCE B, 2017, 18（4）: 289-302.

[50]　张丁予, 章婷曦, 王国祥. 第二代测序技术的发展及应用[J]. 环境科学与技术, 2016（9）: 96-102.

[51]　赵亮, 王莉, 汪地强, 等. 白酒微生物群落研究技术现状与二代测序数据分析方略[J]. 酿酒科技, 2016（7）: 88-96.

[52]　YILMAZ S, SINGH A K. Single cell genome sequencing[J]. Current opinion in biotechnology, 2012, 23（3）: 437-443.

[53]　ZHENG Q, LIN B R, WANG Y B, et al. Proteomic and high-throughput analysis of protein expression and microbial diversity of microbes from 30- and 300-year pit muds of Chinese Luzhou-flavor liquor[J]. Food Research International, 2015, 75: 305-314.

[54]　曹晨霞, 韩琬, 张和平. 第三代测序技术在微生物研究中的应用[J]. 微生物学通报, 2016, 43（10）: 2269-2276.

[55]　柳延虎, 王璐, 于黎. 单分子实时测序技术的原理与应用[J]. 遗传, 2015, 37（3）: 259-268.

[56]　MOSHER J J, BOWMAN B, BERNBERG E L, et al. Improved performance of the PacBio SMRT technology for 16S rDNA sequencing[J]. Journal of Microbiological Methods, 2014, 104: 59-60.

[57]　SCHLOSS P D, JENIOR M L, KOUMPOURAS C C, et al. Sequencing 16S rRNA gene fragments using the PacBio SMRT DNA sequencing system[J]. PeerJ, 2016, 4: e1869.

[58]　王筱. 结合 Illumina 和 PacBio SMRT 测序技术对复杂植物基因组组装方法的探究[D]. 北京: 中国科学院大学, 2015.

[59]　韩琬. 应用单分子实时测序技术对米曲中微生物多样性的研究[D]. 呼和浩特: 内蒙古农业大学, 2016.

[60] CAO J L, YANG J X, HOU Q C, et al. Assessment of bacterial profiles in aged, home-made Sichuan paocai brine with varying titratable acidity by PacBio SMRT sequencing technology[J]. Food Control, 2017, 78: 14-23.

[61] 柳延虎, 王璐, 于黎. 单分子实时测序技术的原理与应用[J]. 遗传, 2015, 37 (3): 259-268.

[62] HANDELSMAN J, RONDON M R, BRADY S F, et al. Molecular biological access to the chemistry of unknown soil microbes: a new frontier for natural products[J]. Chemistry & Biology, 1998, 5 (10): R245-R249.

[63] THOMAS T, GILBERT J, MEYER F. Metagenomics-a guide from sampling to data analysis[J]. Microbial Informatics and Experimentation, 2012, 2 (1): 2-3.

[64] 张维潇, 李键, 骞宇, 等. 宏基因组学在食品科学领域的应用研究进展[J]. 食品科学, 2012, 33 (5): 309-314.

[65] ESCOBAR-ZEPEDA A, LEÓN V P D, SANCHEZ-FLORES A. The Road to metagenomics: from microbiology to DNA sequencing technologies and bioinformatics[J]. Frontiers in Genetic, 2015, 6: 348.

[66] FILIPPIS F D, PARENTE E, ERCOLINI D. Metagenomics insights into food fermentations[J]. Microbial Biotechnology, 2017, 10 (1): 91-102.

[67] TAO Y, WANG X, LI X Z, et al. The functional potential and active populations of the pit mud microbiome for the production of Chinese strong-flavour liquor[J]. Microbial Biotechnology, 2017, 10 (6): 1603-1615.

（注：文章发表于《食品研究与开发》，2018 年 39 卷 22 期）

第 2 章　基于 Miseq 高通量测序技术 古襄阳酒窖泥细菌多样性评价

　　作为我国销量最大的白酒类型，浓香型白酒是以粮谷为主要原料，经传统固态法发酵、蒸馏、陈酿和勾兑而成[1]。浓香型白酒的发酵主要在窖池中完成，窖泥微生物区系的形成和演变决定了产品的最终质量[2]，因而对窖泥中微生物的群落结构进行解析则显得尤为重要。目前国内学者常采用传统微生物学手段[3-5]和指纹图谱技术[6-8]揭示窖泥中微生物的多样性。然而传统微生物学手段依赖于纯培养技术，对于多数营养要求苛刻、严格厌氧的微生物分离较为困难，难以获取微生物群落更为完整全面的信息[9]。虽然指纹图谱技术具有不需要培养的技术优势，但仍存在无法实现样品间平行分析和图谱条带信息量低的缺陷[10]。

　　以 Illumina MiSeq 为代表的第二代高通量测序技术具有通量高、准确率高和试验周期短的特点，可在分类学地位"属"水平上全面客观地揭示目标环境中微生物群落信息[11]。Liu M 分别采用变性梯度凝胶电泳技术（Denaturing gradient gel electrophoresis，DGGE）和 MiSeq 技术对泸州老窖 5 年与 100 年窖泥中的真菌微生物进行了研究，结果发现 DGGE 仅检测到了 12 个菌属，而 Miseq 技术可以检测到 111 个菌属[12]。通过对泸州老窖 30 和 300 年窖龄窖泥细菌微生物多样性研究，Zheng Q 发现虽然不同年份窖泥均以 *Lactobacillus*（乳酸杆菌）为主，但 30 年窖龄窖泥中乳酸菌的相对含量达到 90%以上，而在 300 年窖龄窖泥中其相对含量仅为 21% ~ 40%[13]。湖北省是国内白酒生产与消费的重要省份，2016 年白酒产量逾 90 万千升，销售收入近 800 亿元，白酒生产企业近 450 家[14]。作为省域副中心城市的襄阳市亦提出了力争襄阳白酒产业过百亿元，打造鄂酒除稻花香和白云边之外的湖北白酒"第三极"的行业发展目标。然而令人遗憾的是，目前关于襄阳地区浓香型白酒窖泥微生物多样性评价的报道尚少。

　　本研究采用 Miseq 高通量测序技术，对 4 份采集自湖北古襄阳酒业窖泥的细菌多样性进行了解析，同时结合传统微生物学手段和分子生物学方法对其中蕴含的乳酸菌菌株进行了分离鉴定，通过本项目的实施以期为华中地区浓香型白酒窖泥微生物的多样性研究提供参考。

2.1　材料与方法

2.1.1　材料与试剂

窖泥：采集自湖北古襄阳酒业窖泥车间；E. Z. N. A.®Soil DNA Kit试剂盒：美国 OMEGA 公司；10×PCR 缓冲液和 DNA 聚合酶：宝生物工程（大连）有限公司；FastPfu Fly DNA Polymerase、5×TransStartTM FastPfu Buffer 和 dNTPs Mix：北京全式金生物技术有限公司；MRS 琼脂培养基：北京陆桥技术股份有限公司；十六烷基三甲基溴化铵、异戊醇、乙醇、氯仿、乙二胺四乙酸二钠、碳酸钙、三羟甲基氨基甲烷、饱和酚、十二烷基硫酸钠和醋酸钠：国药集团化学试剂有限公司；引物 338F/806R（其中正向引物前端加入 7 个核苷酸标签）和引物 27F/1495R：由武汉天一辉远生物科技有限公司合成。

2.1.2　仪器与设备

DYY-12 电泳仪：北京六一仪器厂；5810R 台式高速冷冻离心机：德国 Eppendorf 公司；vetiri 梯度基因扩增仪：美国 AB 公司；ND-2000C 微量紫外分光光度计：美国 Nano Drop 公司；FluorChem FC3 化学发光凝胶成像系统：美国 FluorChem 公司；Miseq 高通量测序平台：美国 Illumina 公司；DG250 厌氧工作站：英国 DWS 公司；ECLIPSE Ci 生物显微镜：日本 Nikon 公司；R920 机架式服务器：美国 DELL 公司。

2.1.3　实验方法

1. 样品采集及 DNA 提取

从湖北古襄阳酒业有限公司窖泥车间的 4 个窖龄为 2 年的窖池中分

上、中、下 3 个部位进行样品采集，窖池深度为 2.2 m，取样时从每个窖壁的上层（距地面 20 cm）、中层和窖底 3 个位置各取 100 g 窖泥。将同一窖池来源的窖泥混合均匀后装入无菌采样袋中低温运送回实验室，编号分别为 GXY1、GXY2、GXY3 和 GXY4。采用 E.Z.N.A.®Soil DNA Kit 试剂盒对窖泥中微生物宏基因组 DNA 进行提取。

2. 细菌 16S rDNA 序列 V_4-V_5 区扩增及高通量测序

扩增体系为：DNA 模板 10 ng，5 μmol/L 正向和反向引物各 0.8 μL，5 U/μL DNA 聚合酶 0.4 μL，2.5 mmol/L dNTPs mix 2 μL，10×PCR 缓冲液 4 μL，体系用 ddH_2O 补充至 20 μL。扩增条件为：95 ℃ 3 min，95 ℃ 30 s，55 ℃ 30 s，72 ℃ 45 s，35 个循环，72 ℃ 10 min。PCR 产物检测合格后寄往上海美吉生物医药科技有限公司使用 Miseq PE300 平台进行高通量测序。

3. 序列质控

将双端序列进行拼接后，根据核苷酸标签（barcode）信息将拼接好的序列划分到各样品，同时去除各条序列中的 barcode 和引物。在拼接过程中序列需满足以下条件：重叠区 ≥ 10 bp；最大错配比率 ≤ 0.2；7 个 barcode 碱基不存在错配；引物碱基错配数 ≤ 2 bp。

4. 生物信息学分析

使用 QIIME（v1.7.0）分析平台[15]按照以下流程进行生物信息学分析：使用 PyNAST[16]将序列对齐（align）；采用 UCLUST 算法[17]，根据 100% 和 97% 的相似性将对齐后的序列进行归并，并建立分类操作单元（Operational taxonomic units，OTU）；使用 ChimeraSlayer 软件[18]进行嵌合体检查，去除含有嵌合体的 OTU，同时定义存在所有 4 个窖泥样品中的 OTU 为核心 OTU；从去除嵌合体的 OTU 中选取代表性序列，使用 RDP（Ribosomal Database Project，Release 11.5）[19]和 Greengenes（Release 13.8）[20]数据库在门、纲、目、科和属水平明确其分类学地位，同时计算该 OTU 在各样品中的相对含量。若隶属于某一门、属或 OTU 的样品在所有样品中的平均相对含量大于 1.0%，则将其定义为优势门、属或 OTU。进一步从去除嵌合体的 OTU 中选取代表性序列，使用

FastTree 软件[21]绘制系统发育进化树，并对香农指数（Shannon index）和超 1 指数（Chao1 index）等 α 多样性指数进行计算。

5. 核酸登录号

Miseq 高通量测序数据提交至 MG-RAST 数据库（http：//metagenomics. anl.gov/），ID 号为 mgp83537。

6. 乳酸菌的分离鉴定

采用 10 倍梯度将窖泥样品倍比稀释后，分别涂布于含有 $CaCO_3$ 的 MRS 琼脂培养基平板中，于厌氧条件下（85% N_2，5% CO_2 及 10% H_2）37 °C 培养 48h 后挑取有透明圈的且形态不同的菌落进行分离纯化，30% 甘油 – 80 °C 保藏备用。参照武俊瑞等人的方法使用十六烷基三甲基溴化铵（Hexadecyl trimethyl ammonium bromide，CTAB）法提取潜在乳酸菌分离株的基因组 DNA 并进行 16S rDNA 序列扩增[22]，检测合格的 PCR 产物送南京金斯瑞生物科技有限公司进行序列测定。反馈回的序列在 GenBank 数据库中进行基本局部相似性比对搜索工具（Basic local alignment search tool，BLAST）同源性比对分析，继而构建系统发育树，进而明确乳酸菌的系统发育地位。

7. 数据统计学分析

使用 Mega5.0 软件绘制系统发育树；使用在线软件 Venny 2.1（http：//bioinfogp.cnb.csic.es/tools/venny/index.html）绘制维恩（Venn）图；其他图均使用 Origin 8.6 软件绘制。

2.2 结果与分析

2.2.1 序列丰富度和多样性分析

本研究采集的 4 个浓香型窖泥样品共产出 140750 条高质量 16S rDNA 序列，平均每个样品产出 35188 条。序列长度分布图如图 2-1 所示。

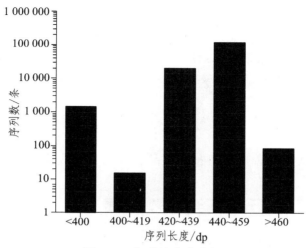

图 2-1 序列长度分布图

由图 2-1 可知,去除引物和 barcode 后,测序序列长度主要集中在 440 ~ 459 bp,占序列总数的 84.92%,另有 13.98%的序列长度集中在 420 ~ 439 bp。使用 PyNAST 将序列对齐,共有 1466 条序列因比对失败 而被剔除,因而共有 139284 条序列进行 OTU 划分。4 个窖泥样品 16S rDNA V_4-V_5 区序列测序情况及各分类地位数量如表 2-1 所示。

表 2-1 样品 16S rDNA 测序情况及各分类地位数量

样品编号	序列数/条	OUT/个	门/个	纲/个	目/个	科/个	属/个	Chao 1 指数	Shannon 指数
GXY1	39 774	1948	20	53	82	169	312	3093	5.97
GXY2	31 577	1617	20	54	84	165	288	2806	5.10
GXY3	30 799	1056	7	16	17	47	94	3285	3.84
GXY4	38 420	1281	18	45	77	145	249	2227	4.02

注:计算每个样品 Chao1 和 Shannon 指数时,样品的测序量均为 30 210 条序列。

由表 2-1 可知,根据 100%的相似性进行 UCLUST 时共得到了 139284 条代表性序列,继而根据 97%相似性划分得到了 4772 个 OTU,采用 ChimeraSlayer 检测到 965 个 OTU 存在嵌合体,去除嵌合体后还剩余 3807 个 OTU,每个样品平均 1476 个。在 OTU 划分的基础上,本研究将序列鉴定为 21 个门、59 个纲、96 个目、199 个科和 425 个属，其中仅有 0.24%和 6.14%的序列不能鉴定到门和属水平。由表 2-1 还可知，在 4 个窖泥样品中，GXY3 的 Chao 1 指数最高,而 GXY1 的 Shannon 指数最大，由此可见，GXY3 窖池中细菌微生物的丰富度最大，而 GXY1 窖泥细菌多样性最高。

2.2.2　基于各分类学地位窖泥细菌相对含量的分析

古襄阳酒业浓香型白酒窖泥样品中平均相对含量大于 1.0%的细菌门如图 2-2 所示。

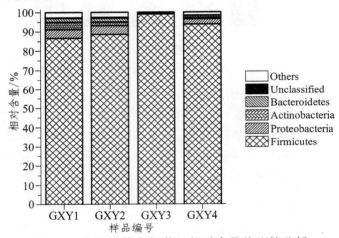

图 2-2　窖泥中优势细菌门相对含量的比较分析

由图 2-2 可知,在门水平上,窖泥中的细菌类群主要隶属于 Firmicutes（硬壁菌门）、Proteobacteria（变形菌门）、Actinobacteria（放线菌门）和 Bacteroidetes（拟杆菌门）,其平均相对含量分别为 92.02%、2.92%、1.83% 和 1.28%。古襄阳酒业浓香型白酒窖泥样品中平均相对含量大于 1.0%的细菌属如图 2-3 所示。

由图 2-3 可知，窖泥中细菌主要隶属于 Lactobacillus（乳酸杆菌）、Clostridium（梭菌）、Bacillus（芽孢杆菌）和 Thermoactinomyces（高温放线菌属），其平均相对含量分别为 77.16%、3.70%、1.64% 和 1.04%。由此可见，窖泥中细菌类群主要由隶属于 Firmicutes（硬壁菌门）的 4 个属构成，累计相对含量为 83.53%。本研究进一步在 OTU 水平对窖泥中细菌菌群的构成进行了解析，基于 OTU 水平的 Venn 图如图 2-4 所示。

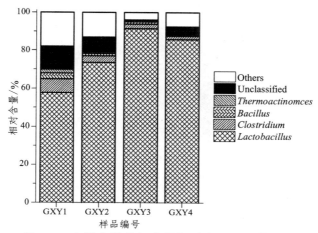

图 2-3 窖泥中优势细菌属相对含量的比较分析

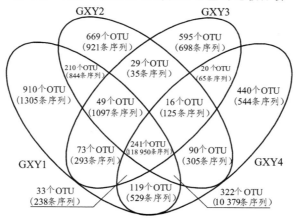

图 2-4 基于 OTU 水平的 Venn 图

由图 2-4 可知，通过两步 UCLUST 划分，本研究共得到 3807 个 OTU，虽然核心 OTU 有 241 个，仅占 OTU 总数的 6.33%，但其包含了 118 950 条序列，占所有质控后合格序列数的 87.25%。此外，在 4 个样品中分别出现 3 次、2 次和 1 次的 OTU 分别有 420 个、532 个和 2614 个，分别占 OTU 总数的 11.03%、13.97%和 68.66%，其包含的序列数分别为 11 839 条、2071 条和 34 68 条，分别占所有质控后合格序列数的 8.68%、1.52%和 2.54%。由此可见，虽然有些浓香型窖池较之其他窖池可能含有一些较为独特的细菌种系型，但其平均含量仅为 0.001%。本研究进一步绘制了相对含量大于 1.0%的核心 OTU 在各窖泥样品中相对含量的热图，结果如图 2-5 所示。

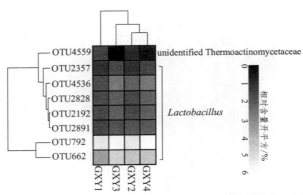

图 2-5　相对含量大于 1.0%的核心 OTU 在各窖泥样品中相对含量的热图

注：依据各 OTU 的相对含量建立了左侧和上方的聚类树

由图 2-5 可知，在 241 个核心 OTU 中，平均相对含量大于 1.0%的 OTU 有 8 个，其中 7 个隶属于 *Lactobacillus*（乳酸杆菌），1 个隶属于 Thermoactinomycetaceae（高温放线菌科）。8 个 OTU 的累计平均相对含量为 71.31%，其中均隶属于 *Lactobacillus*（乳酸杆菌）的 OTU662 和 OTU792 的平均相对含量为 35.01%和 16.99%。进一步选取上述 8 个核心 OTU 中的代表性序列构建了系统发育树，其结果如图 2-6 所示。

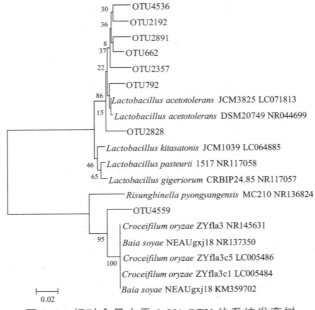

图 2-6　相对含量大于 1.0% OTU 的系统发育树

　　由图 2-6 可知，OTU792、OTU662、OTU4536、OTU2192、OTU2891、OTU2828 和 OTU2357 中的代表性序列可以与 *Lactobacillus acetotolerans*（耐酸乳杆菌）形成聚类，而 OTU4559 虽然可被鉴定到 Thermoactinomycetaceae（高温放线菌科），但无法将其与某一种细菌形成聚类。

2.2.3　窖泥中乳酸菌的分离及鉴定

　　本研究从 4 个窖泥样品中共分离了 12 株潜在乳酸菌菌株，所有菌株在含有 1%碳酸钙的 MRS 固体培养基中均可形成透明圈，革兰氏染色均为阳性，过氧化氢酶试验均为阴性。将 12 株菌 16S rDNA 扩增产物测序后，在 NCBI 数据库中将序列结果进行了相似性比对，并绘制了乳酸菌菌株和参考菌株的系统发育树，如图 2-7 所示。

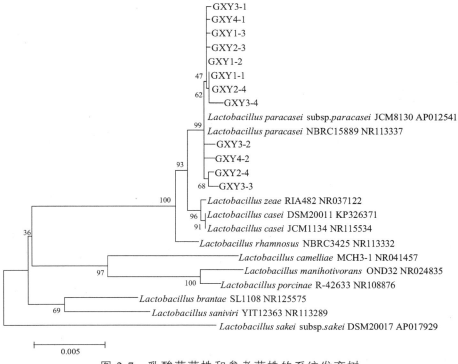

图 2-7　乳酸菌菌株和参考菌株的系统发育树

　　由图 2-7 可知，GXY3-1 等 12 株菌与 *L. paracasei* NBRC 15889（副

干酪乳杆菌）和 *L. paracasei* subsp. *paracasei* JCM8130（副干酪乳杆菌副干酪亚种）形成了一个类群，且所有乳酸菌与对应的参考菌株同源性均达到了 99%以上。由此可见，本研究分离出的乳酸菌均隶属于 *L. paracasei*（副干酪乳杆菌），但仅采用 16S rDNA 序列同源性比对无法明确其"亚种"分类学地位。

2.3　结　论

浓香型白酒窖泥中细菌主要由隶属于 Firmicutes（硬壁菌门）的 *Lactobacillus*（乳酸杆菌）、*Clostridium*（梭菌）、*Bacillus*（芽孢杆菌）和 *Thermoactinomyces*（高温放线菌属）构成，其平均相对含量分别为 77.16%、3.70%、1.64%和 1.04%。从 4 个窖泥样品中分离到 12 株乳酸菌，所有乳酸菌采用 16S rDNA 序列分析法鉴定为 *L. paracasei*（副干酪乳杆菌）。

参考文献

[1]　沈怡方. 白酒生产技术全书[M]. 北京：中国轻工业出版社，2009.

[2]　赵长青，徐莎，杨阳，等. 浓香型白酒酿造大曲及糟醅中功能芽孢杆菌的筛选[J]. 食品工业科技，2017，38（7）：151-155.

[3]　张霞，武志芳，张胜潮，等. 贵州浓香型白酒大曲中霉菌的18S rDNA 系统发育分析[J]. 应用与环境生物学报，2011，17（3）：334-337.

[4]　王涛，赵东，田时平，等. 宜宾浓香型白酒酿造过程中可培养细菌的系统发育多样性[J]. 微生物学报，2011，51（10）：1351-1357.

[5]　何培新，李芳莉，郑燕，等. 浓香型白酒窖泥梭菌的分离及其挥发性代谢产物分析[J]. 中国酿造，2017，36（4）：45-49.

[6]　刘茂柯，唐玉明，赵珂，等. 浓香型白酒窖泥放线菌的群落结

构及其多样性[J]. 生态学报，2015，35（3）：858-864.

[7]　王明跃，张文学. 浓香型白酒两个产区窖泥微生物群落结构分析[J]. 微生物学通报，2014，41（8）：1498-1506.

[8]　黄治国，刘燕梅，卫春会，等. 基于 PCR-DGGE 的浓香型白酒窖泥细菌群落结构研究[J]. 西南大学学报：自然科学版，2014，36（8）：167-172.

[9]　ERCOLINI D. High-throughput sequencing and metagenomics：moving forward in the culture-independent analysis of food microbial ecology[J]. Applied and Environmental Microbiology，2013，79（10）：3148-3155.

[10]　COCOLIN L，ALESSANDRIA V，DOLCI P，et al. Culture independent methods to assess the diversity and dynamics of microbiota during food fermentation[J]. International Journal of Food Microbiology，2013，167（1）：29-43.

[11]　QUAIL M A，SMITH M，COUPLAND P，et al. A tale of three next generation sequencing platforms：comparison of Ion Torrent，Pacific Biosciences and Illumina MiSeq sequencers[J]. BMC Genomics，2012，13（1）：341.

[12]　LIU M，TANG Y，ZHAO K，et al. Determination of the fungal community of pit mud in fermentation cellars for Chinese strong-flavor liquor，using DGGE and Illumina MiSeq sequencing[J]. Food Research International，2017，91（1）：80-87.

[13]　ZHENG Q，LIN B，WANG Y，et al. Proteomic and high-throughput analysis of protein expression and microbial diversity of microbes from 30-and 300-year pit muds of Chinese Luzhou-flavor liquor[J]. Food Research International，2015，75（9）：305-314.

[14]　江源. 2016 年全国各省市白酒产量排行榜[J]. 酿酒科技，2017，28（4）：118.

[15]　CAPORASO J G，KUCZYNSKI J，STOMBAUGH J，et al. QIIME allows analysis of high-throughput community sequencing data[J]. Nature Methods，2010，7（5）：335-336.

[16] CAPORASO J G, BITTINGER K, BUSHMAN F D, et al. PyNAST: a flexible tool for aligning sequences to a template alignment[J]. Bioinformatics, 2010, 26（2）: 266-267.

[17] EDGAR R C. Search and clustering orders of magnitude faster than BLAST[J]. Bioinformatics, 2010, 26（19）: 2460-2461.

[18] HAAS B J, GEVERS D, EARL A M, et al. Chimeric 16s rDNA sequence formation and detection in Sanger and 454-pyrosequenced PCR amplicons[J]. Genome Research, 2011, 21（3）: 494-504.

[19] COLE J R, CHAI B, FARRIS R J, et al. The ribosomal database project （RDP-II）: introducing myRDP space and quality controlled public data[J]. Nucleic Acids Research, 2007, 35（1）: 169-172.

[20] DESANTIS T Z, HUGENHOLTZ P, LARSEN N, et al. Greengenes, a chimera-checked 16s rDNA gene database and workbench compatible with ARB[J]. Applied and Environmental Microbiology, 2006, 72（7）: 5069-5072.

[21] PRICE M N, DEHAL P S, ARKIN A P. Fasttree: computing large minimum evolution trees with profiles instead of a distance matrix[J]. Molecular Biology and Evolution, 2009, 26（7）: 1641-1650.

[22] 武俊瑞, 王晓蕊, 唐筱扬, 等. 辽宁传统发酵豆酱中乳酸菌及酵母菌分离鉴定[J]. 食品科学, 2015, 36（9）: 78-83.

（注：文章发表于《中国酿造》, 2018 年 37 卷 7 期）

第 3 章　丢糟窖窖泥细菌多样性评价

　　作为浓香型白酒生产的主要副产物，我国年产丢糟量在 3 000 万吨以上，每生产 1 t 白酒就会产生 2 ~ 4 t 丢糟[1]。虽然丢糟酸度较高，但其中残留了 15%以上的纤维素、10%左右的淀粉和丰富的蛋白质、氨基酸及磷、钾等无机元素[2]。目前多数白酒企业会利用丢糟进行复糟发酵，通过添加高活性酵母、糖化酶和曲药生产丢糟酒，既增加了酒企利润又有效解决了环境压力[3]。和浓香型白酒一样，丢糟酒的生产亦采用固体发酵，丢糟窖窖池和糟醅中的微生物区系影响着发酵产物的形成，并最终决定了丢糟酒的质量。近年来国内学者围绕浓香型白酒窖泥的微生物多样性开展了多项卓有成效的研究[4-7]，揭示了窖泥微生物的群落结构，然而目前关于丢糟窖窖泥微生物研究的报道尚少。基于 DNA 单分子簇的边合成边测序技术，MiSeq PE300 平台可以独立完成簇生成和双向测序工作[8]，具有试验周期短、拼装结果准确和通量高的特点[9]，为解析传统发酵食品的微生物多样性提供了新视角，目前已经在窖泥[10]、泡菜[11]、酸奶[12]、腊肠[13]和葡萄酒[14]等发酵食品中有了广泛的应用。本研究以湖北古襄阳酒业有限公司窖龄为 2 年的丢糟窖窖泥为研究对象，分别于窖池上、中、下三个部位取样，在采用 MiSeq 高通量测序技术对其细菌群落结构进行解析的基础上，进一步使用选择性培养基对窖泥中蕴含的乳酸菌进行分离鉴定，以期为华中地区浓香型窖泥微生物多样性的研究提供数据支撑和菌株支持。

3.1　材料与方法

3.1.1　材料与试剂

5 × TransStart™、dNTPs Mix、FastPfu Buffer 和 FastPfu Fly DNA

Polymerase：北京全式金生物技术有限公司；QIAGEN DNeasy mericon Food Kit：德国 QIAGEN 公司；碳酸钙、乙二胺四乙酸二钠、十六烷基三甲基溴化铵、氯化钠、异丙醇、醋酸钠、乙醇、三羟甲基氨基甲烷、酚、氯仿、十二烷基硫酸钠和异戊醇：国药集团化学试剂有限公司；MRS 培养基：青岛海博生物技术有限公司；引物：由武汉天一辉远生物科技有限公司合成。

3.1.2　仪器与设备

5810R 台式高速冷冻离心机：德国 Eppendorf 公司；ECLIPSE Ci 生物显微镜：日本 Nikon 公司；DG250 厌氧工作站：英国 DWS 公司；2100 芯片生物分析仪：美国 Agilent 公司；vetiri 梯度基因扩增仪：美国 AB 公司；DYY-12 电泳仪：北京六一仪器厂；ND-2000C 微量紫外分光光度计：美国 Nano Drop 公司；UVPCDS8000 凝胶成像分析系统：美国 BIO-RAD 公司；MiSeq 高通量测序平台：美国 Illumina 公司；R920 机架式服务器：美国 DELL 公司。

3.1.3　实验方法

1. 窖泥采集及微生物宏基因组提取

窖泥样品于 2017 年 4 月取自湖北古襄阳酒业有限公司窖泥车间的 3 个丢糟窖窖池，窖池窖龄均为 2 年。窖池深度为 2.2 m，取样时从每个窖壁的上层（距地面 20 cm）、中层和窖底 3 个位置各取 100 g 窖泥，共取 9 个样品，编号分别为 1S、1Z、1X、2S、2Z、2X、3S、3Z 和 3X，其中数字代表窖池编号，S、Z 和 X 分别代表窖池的上层、中层和窖底。样品采集后迅速置于采样箱中尽快运回实验室，使用 QIAGEN DNeasy mericon Food Kit 试剂盒对窖泥样品中的微生物总 DNA 进行提取，以获得大片段、高质量、高浓度的微生物宏基因组 DNA。

2. 16S rRNA PCR 扩增

以已提取的窖泥中微生物宏基因组 DNA 为模板，使用特异性测序引物，选择合适的 PCR 扩增条件，进行 PCR 扩增。PCR 扩增体系：4 μL

5×PCR 缓冲液，2 μL 2.5 mmol/L dNTPs mix，0.8 μL 5 μmol/L 正向引物，0.8 μL 5 μmol/L 反向引物，0.4 μL 5 U/μL DNA 聚合酶，10 ng DNA 模板，体系用 ddH₂O 补充至 20 μL。其中，细菌 16S rRNA PCR 扩增引物为：V-F　5'-BxxxxxxxACTCCTACGGGAGGCAGCAG-3′（16S rRNA 338-357），V-R　5'-AxxxxxxxGGACTACHVGGGTWTCTAAT-3′（16S rRNA806-1275），引物中片段 A 和 B 代表测序识别序列，x 代表标签（Barcode）序列，其长度为 7 个核苷酸序列。PCR 扩增条件：95 ℃ 3 min；95 ℃ 30 s，55 ℃ 30 s，72 ℃ 45 s，30 个循环；72 ℃ 延伸 10 min。

3. PCR 产物纯化、定量及 MiSeq 高通量测序

PCR 产物经电泳分析和准确定量后寄往上海美吉生物医药科技有限公司，应用 Illumina MiSeq PE300 测序平台对产物进行高通量测序。

4. 序列拼接过程中的质控

拼接过程中分别从序列长度、引物和 Barcode 匹配程度及高质量碱基所占的比例 4 个方面对 MiSeq 测序质量进行评价，只有重叠区碱基数 ≥10 bp、最大错配比率 ≤0.2、Barcode 碱基无错配、引物碱基错配数 ≤2 bp 且切掉 Barcode 和引物后碱基数 ≥50 bp 的序列才予以保留。

5. 窖泥微生物多样性分析

利用已建立的序数据分析流程和脚本程序进行序列质量控制，预处理合格的全部序列去除前后引物以及 Barcode 后，使用 QIIME 分析平台[15]进行序列的生物信息学分析。在使用 PyNAST[16]对序列校准排齐后采用两步 UCLUST 法[17]归并建立分类操作单元（Operational taxonomic units，OTU）并应用 ChimeraSlayer[18]去除含有嵌合体序列的 OTU 序列，继而整合 RDP（Ribosomal database project，Release 11.5）[19]和 Greengenes（Release 13.8）[20]两个数据库的比对结果，对 OTU 进行序列同源性比对和种属分类学鉴定，从而明确丢糟窖窖泥中细菌的构成。再使用 FastTree 软件[21]生成系统发育进化树的基础上对样品中细菌微生物的超 1（Chao1）和香农（Shannon）指数进行计算。

6. 优势和核心细菌类群的定义

如果某一细菌类群在 3 个样品中均存在，则定义为核心细菌类群；如果某一细菌类群在 3 个样品中的平均相对含量大于 1.0%，则我们将其定义为优势细菌类群。

7. 核酸登录号

本研究中所有序列数据已提交至 MG-RAST 数据库，ID 号为 mgp343720。

8. 乳酸菌分离及鉴定

将同一窖池不同部位的窖泥混合后，使用生理盐水稀释到-2、-3、-4 和-5 梯度，涂布到含有 1.0%碳酸钙的 MRS 培养基上，置于 DG250 厌氧工作站通入三气（85% N_2，5% CO_2 和 10% H_2）37 °C 培养 48 h 后，选取菌落数在 30～300 个的平板，根据菌落形态对产有透明圈的潜在乳酸菌菌株进行分离纯化。在采用液氮反复冻融 - CTAB 法提取潜在乳酸菌菌株基因组 DNA 的基础上，使用细菌 16S rRNA 基因扩增引物 27F 与 1492R 进行 PCR 扩增，将扩增产物使用 pMD18-T 载体连接并转化于 DH5α 感受态细胞后挑取阳性克隆子测序。测序得到的序列上传至 NCBI 网站（http：//blast.ncbi.nlm.nih.gov/Blast.cgi）进行序列比对，并选取相似度较高的模式菌株序列（≥93%）构建系统发育树，进而确定菌株的系统分类。

3.2　结果与分析

3.2.1　序列丰富度和多样性分析

本研究 9 个丢糟窖窖泥样品共有 324 181 条高质量 16S rRNA V4□V5 区序列通过序列拼接过程中的质控，使用 PyNAST 对序列校准排齐后去除了 2 条序列，平均每个样品产生 36 020 条。16S rRNA 序列测序情况及各分类地位数量如表 3-1 所示。

表 3-1 样品 16S rRNA 测序情况及各分类地位数量

样品编号	序列数/条	OUT/个	门/个	纲/个	目/个	科/个	属/个	Chao1指数	Shannon指数
1S	36157	1453	12	21	32	73	121	3628	3.71
1Z	38253	1819	17	37	47	106	192	3772	4.31
1X	37059	1817	13	26	37	88	162	3618	5.01
2S	36640	1373	11	19	30	81	124	3617	2.60
2Z	32664	1446	12	24	36	78	125	3392	3.52
2X	38613	1576	11	22	28	72	129	2909	4.81
3S	30981	1595	11	21	35	79	130	3240	5.54
3Z	40440	2003	12	26	39	97	182	3632	6.40
3X	31347	1568	15	25	39	90	169	2996	6.47

注：计算每个样品 Chao1 和 Shannon 指数时，样品的测序量均为 30 910 条序列。

由表 3-1 可知，根据 100%序列相似性聚类分析后，共得到 122 081 条代表性序列，根据 97%序列相似性聚类分析后，共得到 8 030 个 OTU，经嵌合体检查后剩余 7 639 个 OTU，平均每个样品 1 628 个。经序列比对后，所有序列划分为 20 个门，47 个纲、71 个目、153 个科和 355 个属。经配对 t 检验发现，丢糟窖窖池上部细菌微生物的多样性要显著低于底部（$t=-9.811\,0$，$P=0.010\,2$），而与中部差异不显著（$t=2.626\,0$，$P=0.119\,5$）。通过绘制稀疏曲线图和香农指数曲线图，本研究对测序深度是否符合后续生物信息学分析要求进行了评价，其结果如图 3-1 所示。

由图 3-1（a）可知，尽管每个样品的稀疏曲线尚未达到饱和，但由图 3-1（b）可知，香农指数曲线已经进入平台期。这表明，尽管随着测序量的增加窖泥中新的细菌种系型可能会被发现，但其细菌微生物的多样性已经不再随之发生变化了。因而本研究平均每个样品产生 36 020 条序列的测序深度，是符合后续生物信息学分析要求的。

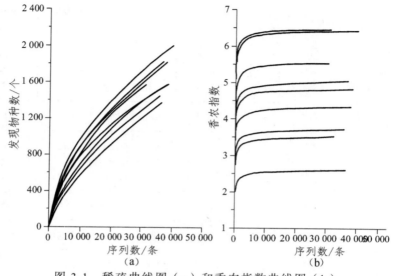

图 3-1　稀疏曲线图（a）和香农指数曲线图（b）

3.2.2　基于各分类学地位丢糟窖窖泥细菌相对含量的分析

　　本研究采用 RDP 和 BLAST 同源性序列比对聚类相结合的方法，将所有的序列鉴定为 20 个门，其中优势门分别为 Firmicutes 和 Actinobacteria，其平均含量分别为 93.89%和 4.73%。由此可见，隶属于 Firmicutes 和 Actinobacteria 的细菌为丢糟窖窖泥中的优势门，其累计含量占 98.62%。本研究从丢糟窖窖泥中共鉴定出 355 个属的细菌，且有 10.57%的序列无法将其鉴定到属水平。丢糟窖窖泥中优势细菌属相对含量的比较分析如图 3-2 所示。

　　由图 3-2 可知，纳入本研究的 9 个丢糟窖窖泥样品中优势细菌属分别为 *Lactobacillus*、*Clostridium*、*Bacillus*、*Paenibacillus* 和 *Thermoactinomyces*，其平均相对含量为 59.67%、8.28%、5.73%、4.97%和 1.29%。由此可见，丢糟窖窖泥中的细菌主要由隶属于 Firmicutes 的 5 个属构成，其累计相对含量为 79.94%。经配对 t 检验发现，上部的窖泥乳酸菌相对含量要显著高于底部（t=4.981 0，P=0.038 0）。本研究进一步统计了 7 639 个 OTU 在 9 个丢糟窖窖泥样品中出现的次数，其结果如图 3-3 所示。

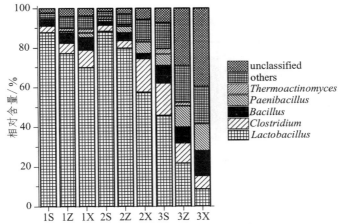

图 3-2　丢糟窖窖泥中相对含量大于 1.0% 的细菌属

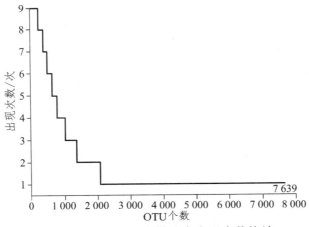

图 3-3　OTU 在 9 个样品中出现次数统计

　　由图 3-3 可知，虽然核心 OTU 有 227 个，仅占 OTU 总数的 2.97%，但其包含了 278 433 条序列，占所有质控后合格序列数的 85.89%。在 9 个样品中仅出现 1 次的 OTU 多达 5 574 个，占 OTU 总数的 72.97%，但其仅包含 6 908 条序列，仅占所有质控后合格序列数的 2.13%。经进一步分析发现，227 个核心 OTU 中有 7 个 OTU 的平均相对含量大于 1.0%，其累计相对含量为 63.30%，由此可见，虽然有少量较为独特的细菌种系型存在于部分窖泥样品中，但丢糟窖窖泥共有大量的细菌类群。丢糟窖窖泥样品中相对含量大于 1.0% 的核心 OTU 如图 3-4 所示。

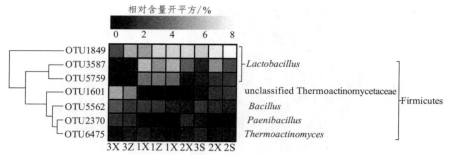

图 3-4 丢糟窖窖泥样品中相对含量大于 1.0%的核心 OTU

由图 3-4 可知，7 个相对含量大于 1.0%的核心 OTU 中 3 个隶属于 *Lactobacillus*，平均相对含量分别为 37.98%、11.44%和 4.68%，各有 1 个 OTU 隶属于 *Bacillus*、*Paenibacillus* 和 *Thermoactinomyces*，平均相对含量分别为 3.18%、1.10%和 1.05%，尚有 1 个隶属于 Thermoactinomycetaceae 的 OTU 无法鉴定到属水平，其平均相对含量为 3.87%。本研究进一步选取了核心 OTU 中的代表性序列和数据库比对结果中可信性比较高细菌种的序列构建了系统发育树，其结果如图 3-5 所示。

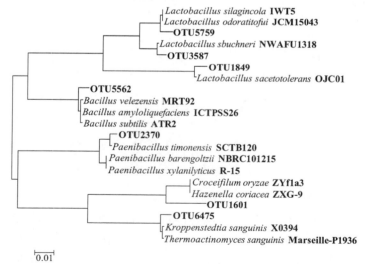

图 3-5 核心 OTU 的系统发育树

由图 3-5 可知，OTU5759、OTU3587 和 OTU1849 中的代表性序列可以与乳酸杆菌属下的种形成聚类，OTU5562 和 OTU2370 可分别与芽孢杆菌属和类芽孢杆菌属下的种形成聚类，而 OTU1601 既可以与

Croceifilum 又可以与 *Hazenella* 形成聚类。虽然使用 RDP 和 BLAST 同源性序列比对聚类相结合的方法可以将 OTU6475 鉴定为高温放线菌属，但通过构建系统发育树发现，其与 *Kroppenstedtia* 下的细菌种亦可以形成聚类。究其原因在于，Illumina MiSeq PE300 平台测序读长在 400 bp 左右，无法覆盖 16S rRNA 序列全长，因而其仅能在 "属" 水平上对菌微生物的分类学地位进行揭示。

3.2.3　丢糟窖窖泥微生物群落结构的研究

在对丢糟窖窖泥细菌相对含量进行分析研究的基础上，本研究进一步采用基于 UniFrac 非加权的 PCoA 对丢糟窖窖泥微生物群落结构进行了分析，其结果如图 3-6 所示。

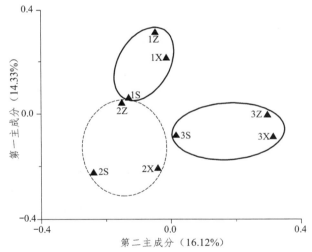

图 3-6　基于分类操作单元非加权 UniFrac 距离的主坐标分析

由图 3-6 可知，同一窖池不同部位的窖泥样品在空间排布上呈现出一定的聚类趋势，这说明相对于同一窖池不同部位的样品而言，不同窖池间微生物的多样性差异可能更大。在选取主坐标分析前 85% 成分的基础上，本研究进一步采用马氏距离聚类和 MANOVA 对不同窖池及窖池不同部位微生物的群落结构进行了分析，其结果如图 3-7 所示。

由图 3-7 可知，2# 和 3# 窖池窖泥微生物群落结构较为相似，且与 1# 窖池极显著不同（$P=0.003\ 2$），而窖池不同部位的窖泥其微生物群落结构差异无统计学意义（P=0.082 0）。

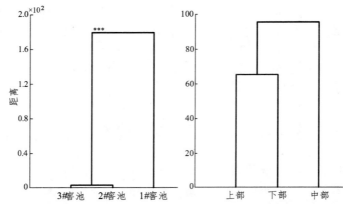

图 3-7　基于马氏距离聚类的不同窖池和窖池不同部位窖泥菌群群落结构的研究
注：***代表 P<0.001。

3.2.4　丢糟窖窖泥中乳酸菌菌株的分离鉴定

将每个窖池中 3 个部位的窖泥进行混合后，本研究从 3 个样品中共分离得到了 10 株潜在乳酸菌菌株，其与 12 株模式菌株的 16S rRNA 系统发育树如图 3-8 所示。

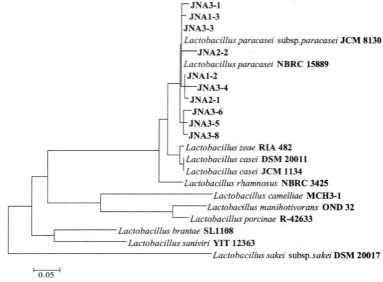

图 3-8　乳酸菌菌株和模式菌株的 16S rRNA 系统发育树

由图 3-8 可知，10 株乳酸菌菌株与干酪乳杆菌和副干酪乳杆菌的相似度均在 99% 以上，且碱基差异在 5 个以内。由此可见，通过 16S rRNA 序列比对是无法明确 10 株乳酸菌的分类学地位的，在后续研究中采用多位点序列分型（Multilocus sequence typing，MLST）等技术对其开展进一步鉴定是极为必要的。

3.3 讨论与结论

3.3.1 丢糟窖窖泥中的乳酸菌

含有较高含量的乳酸乙酯，是中国白酒区别于国外蒸馏酒的主要特征。作为窖泥中的重要功能菌群，乳酸菌产生的乳酸除具有调和酒味的缓冲功能外，亦可与乙醇生成乳酸乙酯，进而提升白酒的风味，但是过量的乳酸乙酯会降低白酒的出酒率，同时亦可能使白酒的风味品质降低[22]。乳酸菌亦可以抑制窖泥中杂菌的生长，进而提升了酿酒酶系的糖化和发酵能力[6]。古襄阳酒丢糟窖窖泥中乳酸杆菌的含量高达 59.67%，由此可见乳酸菌亦为丢糟窖窖泥中的优势菌。虽然目前关于丢糟窖窖泥中乳酸菌多样性的研究报道尚少，但针对浓香型白酒窖泥中乳酸菌的多样性国内学者已经开展了多项卓有成效的研究。熊亚等[22]采用 PCR-DGGE 技术对泸州老窖窖泥中的乳酸菌多样性进行了分析，结果发现 Lactobacillus 为优势菌属而 L. acetotolerans 为窖泥中乳酸菌的优势种群。王葳等[23]从黑龙江某浓香型酒厂窖泥中分离出 3 株乳酸菌，经鉴定分别为玉米乳杆菌（L. zeae）、戊糖乳杆菌（L. pentosus）和乳酸片球菌（Pediococcus acidilactici）。本研究从 3 个窖池窖泥中共分离到 10 株乳酸菌，采用分子生物学方法初步将其鉴定为干酪乳杆菌或副干酪乳杆菌。值得一提的是，窖池环境较为特殊，其不仅有较低的氧气含量，较高的乙醇和有机酸含量，同时在窖池中下部压强也相对较大，因而由于外界培养条件与窖池环境存在较大的差异，因而采用常规厌氧操作可能很难分离得到窖泥中的优势乳酸菌菌株。

3.3.2　影响窖泥细菌多样性的因素

目前关于丢糟窖窖泥细菌多样性影响因素评价的研究尚少。本研究发现不同丢糟窖来源的窖泥其细菌构成具有显著差异，而取自同一窖池不同部位的窖泥细菌多样性差异并不显著。值得参考的是，大量研究表明窖龄、取样部位及窖池是否退化等因素均会影响浓香型白酒窖泥窖泥中细菌的多样性。通过将 30 年与 300 年窖龄的浓香型窖池中细菌微生物进行评价，Zheng 等[7]发现随着泸州老窖窖龄的增长，窖泥中乳酸菌的含量会显著降低。通过采集四川地区一 20 年窖龄浓香型窖池窖泥样品，刘森等[24]发现窖池不同位置的微生物分布显著不同，其中从窖池上层窖泥中检测到 *Clostridium* 和 *Lactobacillus* 两个菌属，中层检测到了 *Lactobacillus*、*Serratia*、*Clostridium*、*Bacillus* 和 *Caloramator* 等 5 个菌属，而在窖池下层检测到 *Lactobacillus*、*Clostridium*、*Bacillus* 和 *Caloramator* 等 4 个菌属。Hu 等[10]对江苏汤沟浓香型白酒优质窖泥、普通窖泥与退化窖泥中细菌微生物进行了分析，研究发现随着窖泥质量的增加，窖泥中 *Lactobacillus* 的含量显著减少，而 *Clostridia* 和 *Bacteroidia* 的相对含量明显增加。

3.3.3　丢糟窖窖泥微生物多样性研究的实际意义

浓香型白酒的生产采用"续糟"发酵工艺，虽然糟醅最上层的丢糟经过几轮发酵其营养几乎消耗殆尽，但依然含有 7%～11%的淀粉和丰富的蛋白质及氨基酸，因而多数浓香型白酒企业均利用丢糟进行发酵，生产丢糟酒[1]。丢糟酒具有酒精度高但酒体风味单薄的特点，在实际生产中通常将其与正常窖泥酿造的白酒进行勾调使用，进而达到提升浓香型白酒酒精含量的目的。研究人员常从微生物和酶等两个维度出发，探讨提升丢糟酒产量和品质的方法，因而深入研究丢糟窖窖泥中微生物多样性，对全面了解影响丢糟酒品质的因素，提高丢糟酒的出酒率可能具有重要意义，对浓香型白酒品质的提升亦具有指导性。

3.3.4　本实验的结论与不足

生产丢糟酒虽然可以较好地利用丢糟中残留的淀粉类物质，保证了出酒率，但丢糟酒的酒体相对淡薄，存在香气不足的缺点，因而白酒生产企业丢糟窖窖池的数量是远远少于浓香型窖池的，以古襄阳酒业为例，其目前有 72 个窖池，但其中仅有 3 个丢糟窖，这是导致本研究样本量少的主要原因。虽然 MiSeq 高通量测序技术实现了细菌型豆豉中细菌类群多样性的解析，但其无法对死、活细菌进行区分。近年来研究发现，叠氮溴化丙锭（propidium monoazide，PMA）可渗入死细胞并与其 DNA 分子发生共价交联，从而抑制该 DNA 分子的 PCR 扩增反应，实现了区分死、活细菌的目的[25]，将该技术积极地引入细菌型豆豉细菌类群多样性中可能具有积极意义。

参考文献

[1]　李进，梁丽静，薛正楷. 中国传统白酒酿造丢糟资源循环利用研究进展[J]. 酿酒科技，2015，36（4）：88-91.

[2]　张海英，王涛，游玲，等. 5 株酵母菌在浓香型白酒丢糟酒生产中的初步应用[J]. 食品工业，2017，38（10）：154-157.

[3]　方晓璞，张文学，张其圣，等. 丢糟酿酒复合发酵剂的应用开发研究[J]. 中国酿造，2007，26（4）：55-57.

[4]　王明跃，张文学. 浓香型白酒两个产区窖泥微生物群落结构分析[J]. 微生物学通报，2014，41（8）：1498-1506.

[5]　刘森，李林光，李可，等. 中国浓香型白酒窖池窖泥中原核微生物群落的空间异质性[J]. 食品科学，2013，34（21）：221-226.

[6]　LIANG H, LI W, LUO Q, et al. Analysis of the bacterial community in aged and aging pit mud of Chinese Luzhou-flavour liquor by combined PCR-DGGE and quantitative PCR assay[J]. J Sci Food Agric，2015，95（13）：2729-2735.

[7]　ZHENG Q, LIN B, WANG Y, et al. Proteomic and high-throughput analysis of protein expression and microbial diversity of microbes from 30-and 300-year pit muds of Chinese Luzhou-flavor liquor[J]. Food Fes Int，2015，75（11）：305-314.

[8] CAPORASO J G，LAUBER C L，WALTERS W A，et al. Ultra-high- throughput microbial community analysis on the Illumina HiSeq and MiSeq platforms[J]. ISME J，2012，6（ 8 ）：1621-1624.

[9] KOZICH J J，WESTCOTT S L，BAXTER N T，et al. Development of a dual-index sequencing strategy and curation pipeline for analyzing amplicon sequence data on the MiSeq Illumina sequencing platform[J]. Appl Environ Microbiol，2013，79（ 17 ）：5112-5120.

[10] HU X，D U H，REN C，et al. Illuminating anaerobic microbial community and cooccurrence patterns across a quality gradient in Chinese liquor fermentation pit muds[J]. Appl Environ Microbiol，2016，82（ 8 ）：2506-2515.

[11] YANG H，WU H，GAO L，et al. Effects of Lactobacillus curvatus and Leuconostoc mesenteroides on Suan Cai fermentation in northeast China[J]. J Microbiol & Biotechnol，2016，26（ 12 ）：2148-2158.

[12] 智楠楠，宗凯，杨捷琳，等. Illumina Miseq 平台深度测定酸奶中微生物多样性[J]. 食品工业科技，2016，37（ 24 ）：78-82.

[13] JUSTYNA P，ANNALISA R，VINCENZA P，et al. Bacterial diversity in typical Italian salami at different ripening stages as revealed by high-throughput of 16s rDNA amplicons[J]. Food Microbiol，2015，46（ 4 ）：342-356.

[14] BOYNTON P J，GREIG D. Fungal diversity and ecosystem function data from wine fermentation vats and microcosms[J]. Data in Brief，2016，8（ 12 ）：225-229.

[15] CAPORASO J G，KUCZYNSKI J，STOMBAUGH J，et al. QIIME allows analysis of high-throughput community sequencing data[J]. Nat Methods，2010，7（ 5 ）：335-336.

[16] CAPORASO J G，BITTINGER K，BUSHMAN F D，et al. PyNAST：A flexible tool for aligning sequences to a template alignment[J]. Bioinformatics，2010，26（ 2 ）：266-267.

[17]　EDGAR R C. Search and clustering orders of magnitude faster than BLAST[J]. Bioinformatics，2010，26（19）：2460-2461.

[18]　HAAS BJ，GEVERS D，EARL AM，et al. Chimeric 16S rRNA sequence formation and detection in Sanger and 454-pyrosequenced PCR amplicons[J]. Genome Res，2011，21（3）：494-504.

[19]　COLE J R，CHAI B，FARRIS R J，et al. The ribosomal database project（RDP-II）：introducing myRDP space and quality controlled public data[J]. Nucleic Acids Res，2007，35（1）：169-172.

[20]　DESANTIS T Z，HUGENHOLTZ P，LARSEN N，et al. Greengenes，a chimera-checked 16S rRNA gene database and workbench compatible with ARB[J]. Appl Environ Microbiol，2006，72（7）：5069-5072.

[21]　PRICE M N，DEHAL P S，ARKIN A P. Fasttree：Computing large minimum evolution trees with profiles instead of a distance matrix[J]. Mol Biol & Evol，2009，26（7）：1641-1650.

[22]　熊亚，陈强，唐玉明，等. 泸州老窖不同窖龄窖泥中乳酸菌多样性 PCR-DGGE 分析[J]. 应用与环境生物学报，2013，19（6）：1020-1024.

[23]　王葳，赵辉，陈凤阁. 浓香型白酒窖泥中乳酸菌的分离与初步鉴定[J]. 酿酒科技，2006（4）：29-31.

[24]　刘森. 中国浓香型白酒窖池窖泥中原核微生物群落空间异质性研究[D]. 成都：西华大学，2013.

[25]　DESFOSSES-FOUCAULT E，DUSSAULT-LEPAGE V，Le Boucher C. Assessment of probiotic viability during cheddar cheese manufacture and ripening using Propidium Monoazide-PCR Quantification[J]. Front Microbiol，2012，3（10）：350-360.

（注：文章发表于《中国微生态学杂志》，2018 年 30 卷 8 期）

第4章　退化和正常窖泥微生物
多样性的比较分析

　　根据生产工艺的差异，白酒可以分为浓香型、酱香型、清香型和米香型四种主体香型，其中浓香型白酒的产量占整个白酒行业的 70% 左右[1]。浓香型白酒主要采用泥窖固态发酵，窖泥中蕴含着丰富的微生物群系，栖息着大量的乳酸菌、丁酸菌和己酸菌等功能菌，其质量在很大程度上决定了酒的品质[2]。在浓香型白酒酿造过程中，由于窖泥中的营养物质不断被微生物吸收和利用，同时有害物质不断积累，进而导致窖泥出现退化现象，从而影响了白酒的品质。目前常从色泽、气味、手感及质地等维度对窖泥的质量进行判定，但由于感官指标的滞后性，多数生产或研究人员较难及时预测窖泥的质量[3]。

　　窖泥微生物群落组成及多样性反映了窖泥质量，且具有对外界环境响应比较迅速的特点[4]。通过采用变性梯度凝胶电泳（ Denaturing gradient gel electrophoresis，DGGE ）和定量 PCR（ quantitative PCR，qPCR ）技术，Liang 等[5]对四川特别是泸州市成熟及退化窖泥微生物构成进行了解析，结果发现正常窖泥与退化窖泥的微生物群落结构存在显著差异，证实了通过微生物群落组成预测窖泥质量的可行性。相对于 DGGE 等指纹图谱技术，高通量测序技术克服了指纹图谱条带信息量低和无法实现样品间平行分析的缺陷[6]，具有通量高和拼装结果准确的优点，目前已经在泡菜[7]、腊肠[8]和酸奶[9]等发酵食品中有了广泛的应用。Hu 等[10]应用 Miseq 技术对江苏汤沟浓香型白酒优质、普通和退化窖泥中细菌多样性进行了分析，研究发现随着窖泥质量的提升，*Lactobacillus*（乳酸杆菌）含量显著减少，而 *Clostridia*（梭菌）和 *Bacteroidia*（拟杆菌）等核心属的含量明显增加。作为国内白酒生产与消费的重要省份，湖北省白酒生产企业近 450 家，销售收入近 800 亿元[11]，然而目前关于湖北地区浓香型白酒退化和正常窖泥微生物多样性比较分析的研究报道尚少。

本研究从湖北古襄阳酒业正常窖池和废弃窖池中各采集了 5 份窖泥样品，在提取宏基因组 DNA 的基础上，使用 Miseq 高通量测序技术对其细菌多样性进行了解析，同时结合多元统计学方法，对与 2 类窖泥细菌群落结构差异显著相关的关键细菌类群进行了甄别，通过本项目的实施以期为华中地区窖泥质量预测和窖泥微生物群落结构优化提供理论支撑。

4.1　材料与方法

4.1.1　材料与仪器

窖泥：分别采集自湖北古襄阳酒业新旧窖泥车间；E. Z. N. A.®Soil DNA Kit 试剂盒：美国 OMEGA 公司；10×PCR 缓冲液、DNA 聚合酶和 dNTPs Mix：宝生物工程（大连）有限公司；引物 338F/806R（其中正向引物前端加入 7 个核苷酸标签）：由武汉天一辉远生物科技有限公司合成。

vetiri 梯度基因扩增仪：美国 AB 公司；Miseq PE300 型高通量测序平台：美国 Illumina 公司；FluorChem FC 3 型化学发光凝胶成像系统：美国 FluorChem 公司；5810R 型台式高速冷冻离心机：德国 Eppendorf 公司；DYY-12 型电泳仪：北京六一仪器厂；ND-2000C 型微量紫外分光光度计：美国 Nano Drop 公司；R920 型机架式服务器：美国 DELL 公司。

4.1.2　实验方法

1. 样品采集及 DNA 提取

从湖北古襄阳酒业有限公司新旧窖泥车间各选取 5 个窖池，从窖底取 300 g 窖泥装入无菌采样袋中，低温运送回实验室，采用 E. Z. N. A.®Soil DNA Kit 试剂盒进行微生物宏基因组 DNA 提取。旧窖泥车间窖池窖龄均为 30 年，由于新厂搬迁，旧窖池已 2 年未使用，但均填充酒糟并覆盖窖皮泥进行密封。新窖池窖龄为 2 年，新旧窖池距离约 5 km，且深度均为 2.2 m。其中退化窖泥组 5 个样品分别命名为 D1、D2、D3、

D4 和 D5，正常窖泥组 5 个样品分别命名为 N1、N2、N3、N4 和 N5。

2. 细菌 16S rDNA 序列 PCR 扩增及高通量测序

扩增体系为：DNA 模板 10 ng，10×PCR 缓冲液 4 μL，2.5 mmol/L dNTPs mix 2 μL，5 U/μL DNA 聚合酶 0.4 μL，5 μmol/L 正向和反向引物各 0.8 μL，体系用 ddH$_2$O 补充至 20 μL。扩增条件为：95 ℃ 3 min，95 ℃ 30 s，55 ℃ 30 s，72 ℃ 45 s，35 个循环，72 ℃ 10 min。检测合格的 PCR 产物寄往上海美吉生物医药科技有限公司，使用 Miseq PE300 平台进行高通量测序。

3. 序列质控

将下机序列拼接后依照核苷酸标签（barcode）信息划分到各样品，同时将 barcode 和引物予以切除进而得到高质量的序列。拼接过程中序列应满足如下要求，否则予以删除：重叠区 ≥10 bp；最大错配比率 ≤0.2；barcode 碱基无错配；引物碱基错配数 ≤2 bp。

4. 生物信息学分析

采用 QIIME（v1.70）平台[12]进行 2 类窖泥细菌物种分析和多样性评价。主要的处理流程为：① 采用 PyNAST 校准并把序列排齐[13]。② 采用两步 UCLUST 法依次按照 100% 和 97% 相似性进行无重复的单一序列集和分类操作单元（Operational taxonomic units，OTU）构建[14]。③ 应用 ChimeraSlayer 去除含有嵌合体序列的 OTU[15]。④ 从去除嵌合体的 OTU 中选取代表性序列，使用 RDP（Ribosomal database project，Release 11.5）[16]和 Greengenes（Release 13.8）[17]数据库进行序列同源性比对，在门、纲、目、科和属水平上对其分类学地位进行明确。若隶属于某一门或属的样品在 10 个窖泥样品中的平均相对含量大于 1.0%，则将其定义为优势门或属[18]。⑤ 从去除嵌合体的 OTU 中选取代表性序列，使用 FastTree 软件绘制系统发育进化树[19]，并对超 1 指数（Chao1 index）和香农指数（Shannon index）等 α 多样性指数进行计算[20]。⑥ 基于 UniFrac 距离[21]进行主坐标分析（Principal coordinate analysis，PCoA）和非加权组平均法（Unweighted pair-group method with arithmetic means，UPGMA）

聚类分析，进而完成不同样品间细菌群落结构的 β 多样性分析。

5. 核酸登录号

序列数据提交至 MG-RAST 数据库（http：//metagenomics.anl.gov/），登录号为 mgp83663。

6. 多元统计学分析

使用 Mann-Whiney 检验对 2 类窖泥微生物群落的超 1 指数、香农指数、优势细菌门和属平均相对含量进行显著性分析；采用多元方差分析（Multivariate analysis of variance，MANOVA）对 2 类窖泥细菌群落结构差异性进行分析；采用冗余分析（Redundancy analysis，RDA）对与 2 类窖泥细菌群落结构差异显著相关的关键类群进行甄别；采用欧式距离对 2 类窖泥细菌群落结构组间差异进行计算。使用 Canoco 4.5 软件绘制 RDA 图，使用 Matlab 2010b 软件绘制热图，使用 Mega5.0 软件绘制系统发育树，其他图使用 Origin 8.6 软件绘制。

4.2   结果与分析

4.2.1   序列丰富度和多样性分析

在提取窖泥微生物宏基因组 DNA 的基础上，本研究采用 Miseq 高通量测序技术对 2 类窖泥细菌群落结构进行了解析，10 个样品共产生 280 822 条高质量序列，平均每个样品 28 082 条。在使用 PyNAST 将序列对齐时，有 840 条序列比对失败，因而共有 279 982 条序列进行了 OTU 的划分。10 个窖泥样品 16S rDNA $V_4 \sim V_5$ 区序列测序情况及各分类地位数量如表 4-1 所示。

由表 4-1 可知，本研究采用两步 UCLUST 法进行了 OTU 的划分，根据序列 100%相似性聚类分析后，挑选出了 100 439 条代表性序列，根据序列 97.0%相似性聚类分析后，得到了 14 368 个 OTU，经嵌合体检查后去除了 6 762 个 OTU，还剩余 7 606 个 OTU，平均每个样品 1 339 个。在 OTU 划分的基础上，本研究将序列鉴定为 26 个门、66 个纲、108 个目、233 个科和 524 属，其中有 0.034% 和 14.31% 的序列不能鉴定到门和属水平。经过序列比对和嵌合体去除后，含有序列数最少的样品有 18 588 条序列，故而在进行 α 多样性计算时，所有样品测序深度均取 18 510 条序列。经 Mann-Whiney 检验发现，退化窖泥微生物群落的超 1 指数和香农指数均显著高于正常窖泥（$P<0.05$），这说明窖泥退化后其细菌的多样性和丰度均会显著提升。

表 4-1　样品 16S rDNA 测序情况及各分类地位数量

样品编号	序列数/条	OTU数/个	门/个	纲/个	目/个	科/个	属/个	超 1指数	香农指数
D1	29181	2032	19	38	63	115	187	3646	7.12
D2	24238	2171	18	34	54	106	147	4798	7.18
D3	21629	1865	21	44	69	142	212	4143	6.87
D4	23107	1971	19	37	57	98	142	4528	7.51
D5	21155	1480	14	29	46	104	142	3514	6.49
N1	29286	1609	19	53	86	186	355	2128	6.24
N2	28793	515	6	13	20	48	93	766	2.27
N3	30536	417	14	29	43	82	120	490	3.79
N4	33036	816	12	18	22	57	119	1142	3.24
N5	39861	515	11	19	28	69	118	557	3.30

注：计算每个样品发现物种数和香农指数时，样品的测序量均为 18510 条序列。

4.2.2　基于各分类学地位相对含量的 2 类窖泥细菌构成研究

在序列丰富度和多样性分析的基础上，本研究进一步基于分类学地位"门"和"属"水平对窖泥细菌构成进行了揭示，2 类窖泥中优势细菌门相对含量的比较分析如图 4-1 所示。

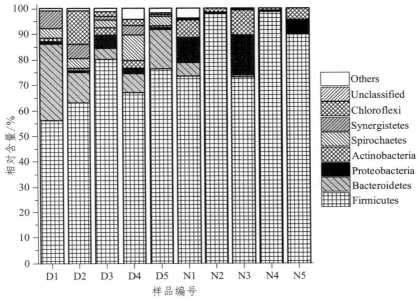

图 4-1　2 类窖泥中优势细菌门相对含量的比较分析

由图 4-1 可知，退化窖泥中平均相对含量大于 1.0% 的细菌门及其含量分别为：Firmicutes（硬壁菌门，68.70%）、Bacteroidetes（拟杆菌门，13.80%）、Spirochaetes（螺旋体门，4.86%）、Synergistetes（互养菌门，3.70%）、Chloroflexi（绿弯菌门，3.53%）、Proteobacteria（变形菌门，1.84%）和 Actinobacteria（放线菌门，1.89%）。正常窖泥中平均相对含量大于 1.0% 的细菌门及其含量分别为：Firmicutes（硬壁菌门，86.79%）、Proteobacteria（变形菌门，6.28%）、Actinobacteria（放线菌门，4.65%）和 Bacteroidetes（拟杆菌门，1.29%）。经 Mann-Whiney 检验发现，退化窖泥中 Spirochaetes（螺旋体门）、Synergistetes（互养菌门）和 Chloroflexi（绿弯菌门）相对含量显著高于正常窖泥（$P<0.05$）。2 类窖泥中优势细菌属相对含量的比较分析如图 4-2 所示。

由图 4-2 可知，退化窖泥中平均相对含量大于 1.0% 的细菌属及其含量分别为：隶属于 Firmicutes（硬壁菌门）的 Clostridium（梭菌，14.77%）、Syntrophaceticus（暂无中文，12.01%）、Syntrophomonas（互营单胞菌属，8.21%）、Sedimentibacter（沉淀杆菌属，3.93%）、Lysinibacillus（梭形杆菌属，3.11%）、Pelotomaculum（暂无中文，2.05%）

和 *Lactobacillus*（乳酸杆菌，1.01%）；隶属于 Bacteroidetes（拟杆菌门）的 *Petrimonas*（暂无中文，6.01%）；隶属于 Synergistetes（互养菌门）的 *Aminobacterium*（胺小杆菌属，4.08%）。正常窖泥中平均相对含量大于 1.0% 的细菌属及其含量分别为：隶属于 Firmicutes（硬壁菌门）的 *Lactobacillus*（乳酸杆菌，67.91%）、*Clostridium*（梭菌，4.49%）和 *Bacillus*（芽孢杆菌，3.80%）；隶属于 Proteobacteria（变形菌门）的 *Ralstonia*（雷尔氏菌属，3.65%）和隶属于 Actinobacteria（放线菌门）的 *Nocardia*（诺卡氏菌属，2.41%）。

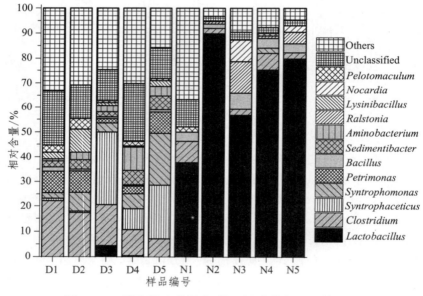

图 4-2　2 类窖泥中优势细菌属相对含量的比较分析

经 Mann-Whiney 检验发现，退化窖泥中 *Clostridium*（梭菌）、*Syntrophaceticus*、*Syntrophomonas*（互营单胞菌属）、*Petrimonas*、*Sedimentibacter*（沉淀杆菌属）、*Aminobacterium*（胺小杆菌属）、*Lysinibacillus*（梭形杆菌属）和 *Pelotomaculum* 的相对含量显著高于正常窖泥（$P<0.05$），而 *Lactobacillus*（乳酸杆菌）、*Bacillus*（芽孢杆菌）、*Ralstonia*（雷尔氏菌属）和 *Nocardia*（诺卡氏菌属）呈现出相反的趋势（$P<0.05$）。

4.2.3　基于多元统计学分析的 2 类窖泥细菌群落结构的研究

　　在完成 2 类窖泥微生物构成解析的基础上，本研究进一步采用基于 OTU 水平加权 UniFrac 距离的 PCoA 和 UPGMA 对 10 个窖泥样品的 β 多样性进行了揭示，基于分类操作单元加权 UniFrac 距离的主坐标分析如图 4-3 所示。

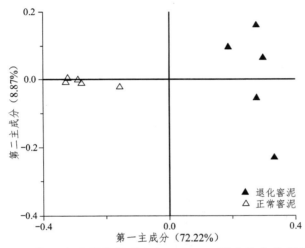

图 4-3　基于分类操作单元加权 UniFrac 距离的主坐标分析

　　由图 4-3 可知，在以 2 个权重最高的主成分 PC 1 和 PC 2 作图时，退化窖泥样品分布在一四象限，而正常窖泥分布在二、三象限，其中第 1 和第 2 主成分分别占全部变量 72.22% 和 8.87% 的权重。由此可见，退化窖泥和正常窖泥样品在空间排布上呈现出明显的区分，这说明两者微生物群落结构可能存在较大差异。为了对这一结果进行验证，本研究采用 UPGMA 对 2 类窖泥微生物群落结构进行了分析，结果如图 4-4 所示。

　　由图 4-4 可知，聚类 Ⅰ 由退化窖泥样品构成，聚类 Ⅱ 由正常窖泥样品构成。由此可见，UPGMA 结果与 PCoA 结果一致，即 2 类窖泥微生物群落结构可能存在较大的差异。在采用非监督多变量统计学方法进行分析的基础上，本研究选取了 PCoA 前 80% 的 PC 进行了 MANOVA，结果发现正常窖泥和退化窖泥微生物群落结构差异极显著（$P<0.001$）。

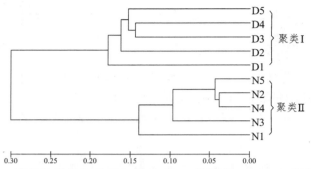

图 4-4　基于分类操作单元加权 UniFrac 距离的 UPGMA 聚类分析

由图 4-4 亦可知，退化窖泥样品的空间排布较之正常窖泥分散，这说明退化窖泥样品微生物群落结构的组间差异可能要高于正常窖泥，本研究进一步基于欧氏距离对该推论进行了验证，结果如图 4-5 所示。

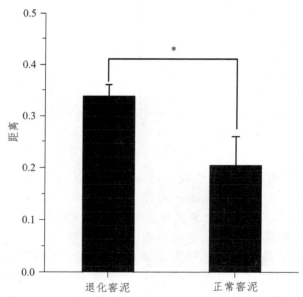

图 4-5　基于欧氏距离的 2 类窖泥细菌群落结构组间差异分析

由图 4-5 可知，在采用欧式距离计算退化（0.338 ± 0.022，$\overline{X} \pm S$）和正常（0.204 ± 0.055，$\overline{X} \pm S$）窖泥微生物群落结构组间差异的基础上，经 Mann-Whiney 检验发现 2 组数据差异显著（$P=0.012$）。由此可见，退化窖泥样品微生物群落结构的组间差异要显著高于正常窖泥（$P<0.05$）。

4.2.4　关键细菌类群的甄别

采用基于 OTU 水平加权 UniFrac 距离的 PCoA 和 UPGMA 分析发现，正常窖泥和退化窖泥微生物群落结构差异极显著（$P<0.01$），本研究以窖泥分组（正常/退化）为起约束作用的解释变量，以平均相对含量大于 0.5% OTU 为响应变量，采用 RDA 对导致 2 类窖泥微生物群落结构差异显著的关键细菌类群进行了甄别。数据中有 35.2% 的变异度能够被退化窖泥/正常窖泥分组所解释，而通过蒙特卡罗置换检验发现这一约束因素具有显著性（$P<0.05$）。RDA 双序图如图 4-6 所示。

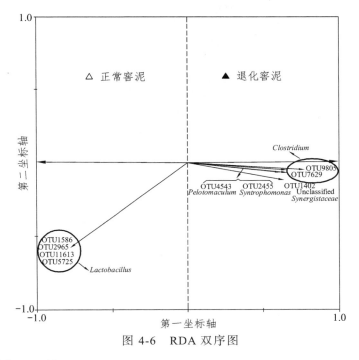

图 4-6　RDA 双序图

由图 4-6 可知，OTU11613、OTU2965、OTU1586、OTU5725、OTU9805、OTU7629、OTU2455、OTU4543 和 OTU1402 共 9 个 OTU 与 RDA 排序图约束轴上的样本赋值良好相关，由此可见，9 个 OTU 代表了 2 类窖泥微生物群落结构差异显著相关的关键细菌类群。在 RDA 排序图中可以看到，隶属于 *Clostridium*（梭菌）的 OTU9805 和 OTU7629、隶属于 *Syntrophomonas*（互营单胞菌属）的 OTU2455、隶属于 *Pelotomaculum* 的 OTU4543 及隶

属于 Synergistaceae（互养菌科）的 OTU1402 位于图的右侧（即退化窖泥），这说明该 5 个 OTU 在退化窖泥中的相对含量可能较高；OTU11613、OTU2965、OTU1586 和 OTU5725 4 个隶属于 *Lactobacillus*（乳酸杆菌）的 OTU 位于图的左侧（即正常窖泥），这说明该 4 个 OTU 在正常窖泥中的相对含量可能较高。9 个关键 OTU 在各样品中相对含量的热图如图 4-7 所示。

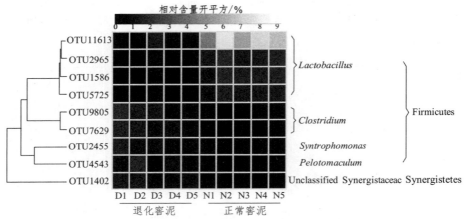

图 4-7　9 个关键 OTU 在各样品中相对含量的热图

由图 4-7 可知，OTU9805、OTU1402、OTU7629、OTU2455 和 OTU4543 在退化窖泥中的平均相对含量分别为 2.57%、2.27%、1.36%、1.40% 和 1.20%，而在正常窖泥中平均相对含量亦均小于 0.1%。与此相反，OTU11613 在正常窖泥中的平均相对含量显著高于退化窖泥，其在正常窖泥中含量为 56.27%，而在退化窖泥中仅为 0.70%。此外，OTU2965、OTU1586 和 OTU5725 在正常窖泥中的平均相对含量分别为 4.21%、4.09% 和 3.29%，而在退化窖泥中的含量均小于 0.1%。Mann-Whitney 检验的结果显示，除均隶属于 *Lactobacillus*（乳酸杆菌）的 OTU1586 和 OTU5725 外，其他 7 个 OTU 在 2 类窖泥中的差异具有统计上的显著性（$P < 0.05$）。

4.3　讨论与结论

窖泥的质量直接决定了浓香型白酒的质量，正常的窖泥为灰褐（黑）

色，有较强的酯香味和微弱的硫化氢气味，而退化窖泥为银灰色或白色针状晶体结块，酯香气较弱。虽然通过感官特征可以对窖泥的质量进行评价，但其变化较其中微生物群落组成及物种多样性变化缓慢[11]。香农指数广泛应用于生态系统稳定性的评价[22]，窖泥微生物群落的多样性受空间[23]和窖龄[24-25]的影响。本研究发现退化窖泥细菌群落的香农指数均较之正常窖泥高。随着窖泥的退化，优势细菌微生物群落组成在原有 Firmicutes（硬壁菌门）、Proteobacteria（变形菌门）、Actinobacteria（放线菌门）和 Bacteroidetes（拟杆菌门）4 个门的基础上，又增加了 Spirochaetes（螺旋体门）、Synergistetes（互养菌门）和 Chloroflexi（绿弯菌门）3 个门，同时优势细菌属也从 5 个增加到 9 个。通过对江苏汤沟浓香型白酒优质、普通和退化窖泥中细菌多样性进行对照分析，Hu[11]发现正常窖泥细菌群落的香农指数高于退化窖泥而与优质窖泥差异不显著，其研究结论与本研究不同的原因可能在于两个研究中退化窖泥的选择不同，Hu 选择的退化窖泥采集自尚在使用中的窖池，而本研究采集的退化窖泥来自已 2 年未使用的窖池。

　　作为正常窖泥中的优势菌，本研究发现 Lactobacillus（乳酸杆菌）的平均含量高达 67.91%。虽然有研究指出乳酸菌含量过高会影响窖泥的品质[11]，但其产生的乳酸菌可与乙醇生成乳酸乙酯，同时对杂菌的生长亦有一定的抑制作用[26]。通过采用 DGGE 技术对泸州老窖窖泥中的乳酸菌多样性进行分析，熊亚等[27]发现耐酸乳杆菌（L. acetotolerans）为窖泥中乳酸菌的优势种群。王葳等[28]亦使用纯培养方法从窖泥中分离出了 L. zeae（玉米乳杆菌）、L. pentosus（戊糖乳杆菌）和 Pediococcus acidilactici（乳酸片球菌）。通过产生己酸、丁酸和氢[29]，梭菌对浓香型白酒香气的形成亦起着重要作用[30]，古襄阳酒业为了加快窖泥的熟化通常会向新窖池中加入梭状芽孢杆菌。本研究发现退化窖泥中 Clostridium（梭菌）的相对含量反而高于正常窖泥，这可能是由于 Miseq 高通量测序只能实现微生物属的相对定量，因而在后续研究中进一步使用 qPCR 对窖泥中梭菌进行绝对定量是极为必要的。

　　本研究通过对与退化窖泥细菌群落结构差异显著相关的关键细菌类群进行甄别，证实了细菌多样性可以较为科学的判定窖泥质量，进而为后续窖泥质量优化和退化防止提供了一定的理论支撑。由于本研究的退化窖泥样品采集自已 2 年未使用的窖池，因此在后续研究中从正在使用的窖池中采集退化窖泥样品，并对其细菌多样性进行揭示，从而进一步检验和完善本研究的结果是极为必要的。

参考文献

[1]　余乾伟. 传统白酒酿造技术[M]. 北京：中国轻工业出版社，2017.

[2]　刘森，李林光，李可，等. 中国浓香型白酒窖池窖泥中原核微生物群落的空间异质性[J]. 食品科学，2013，34（21）：221-226.

[3]　张强，沈才洪，刘清斌，等. 基于层次分析法的窖泥质量评价指标及其权重的确定[J]. 酿酒科技，2014，35（5）：20-24.

[4]　胡晓龙. 浓香型白酒窖泥中梭菌群落多样性与窖泥质量关联性研究[D]. 无锡：江南大学，2015.

[5]　LIANG H，LUO Q，ZHANG A，et al. Comparison of bacterial community in matured and degenerated pit mud from Chinese Luzhou-flavour liquor distillery in different regions[J]. Journal of the Institute of Brewing，2016，122（1）：48-54..

[6]　CAPORASO J G，LAUBER C L，WALTERS W A，et al. Ultra-high-throughput microbial community analysis on the Illumina HiSeq and MiSeq platforms[J]. The ISME Journal，2012，6（8）：1621-1624.

[7]　YANG H，WU H，GAO L，et al. Effects of Lactobacillus curvatus and Leuconostoc mesenteroides on Suan Cai fermentation in northeast China[J]. Journal of Microbiology and Biotechnology，2016，26（12）：2148-2158.

[8]　JUSTYNA P，ANNALISA R，VINCENZA P，et al. Bacterial diversity in typical Italian salami at different ripening stages as revealed by high-throughput of 16s rDNA amplicons[J]. Food Microbiology，2015，46（4）：342-356.

[9]　智楠楠. Illumina Miseq 平台深度测定酸奶中微生物多样性[J].

食品工业科技，2016，37（24）：78-82.

[10] HU X，DU H，REN C，et al. Illuminating anaerobic microbial community and cooccurrence patterns across a quality gradient in Chinese liquor fermentation pit muds[J]. Applied and Environmental Microbiology，2016，82（8）：2506-2515.

[11] 江源. 2016 年全国各省市白酒产量排行榜[J]. 酿酒科技，2017，28（4）：118.

[12] CAPORASO J G，KUCZYNSKI J，STOMBAUGH J，et al. QIIME allows analysis of high-throughput community sequencing data[J]. Nature Methods，2010，7（5）：335-336.

[13] CAPORASO J G，BITTINGER K，BUSHMAN FD，et al. PyNAST：a flexible tool for aligning sequences to a template alignment[J]. Bioinformatics，2010，26（2）：266-267.

[14] EDGAR R C. Search and clustering orders of magnitude faster than BLAST[J]. Bioinformatics，2010，26（19）：2460-2461.

[15] HAAS B J，GEVERS D，EARL A M，et al. Chimeric 16S rRNA sequence formation and detection in Sanger and 454-pyrosequenced PCR amplicons[J]. Genome Research，2011，21（3）：494-504.

[16] COLE J R，CHAI B，FARRIS R J，et al. The ribosomal database project（RDP-II）：introducing myRDP space and quality controlled public data[J]. Nucleic Acids Research，2007，35（1）：169-172.

[17] DESANTIS T Z，HUGENHOLTZ P，LARSEN N，et al. Greengenes，a chimera-checked 16S rRNA gene database and workbench compatible with ARB[J]. Applied and Environmental Microbiology，2006，72（7）：5069-5072.

[18] ZHANG J，GUO Z，XUE Z，et al. A phylo-functional core of gut microbiota in healthy young Chinese cohorts across lifestyles，geography and ethnicities[J]. ISME Journal，2015，9（9）：1-12.

[19] PRICE M N，DEHAL P S，ARKIN A P. Fasttree：computing large minimum evolution trees with profiles instead of a distance matrix[J]. Molecular Biology and Evolution，2009，26（7）：1641-1650.

[20] WANG T，CAI G，QIU Y，et al. Structural segregation of gut microbiota between colorectal cancer patients and healthy volunteers[J]. ISME Journal，2012，6（2）：320-329.

[21] LOZUPONE C，KNIGHT R. UniFrac：a new phylogenetic method for comparing microbial communities[J]. Applied and Environmental Microbiology，2005，71（12）：8228-8235.

[22] SPATHARIS S，ROELKE D L，DIMITRAKOPOULOS P G，et al. Analyzing the（mis）behavior of Shannon index in eutrophication studies using field and simulated phytoplankton assemblages[J]. Ecological Indicators，2011，11（2）：697-703.

[23] 刘森. 中国浓香型白酒窖池窖泥中原核微生物群落空间异质性研究[D]. 成都：西华大学，2013.

[24] TAO Y，LI J，RUI J，et al. Prokaryotic communities in pit mud from different-aged cellars used for the production of Chinese strong-flavored liquor[J]. Applied and Environmental Microbiology，2014，80（7）：2254-2260.

[25] WANG C，CHEN Q，WANG Q，et al. Long-term batch brewing accumulates adaptive microbes，which comprehensively produce more flavorful Chinese liquors[J]. Food Research International，2014，62（8）：894-901.

[26] LIANG H，LI W，LUO Q，et al. Analysis of the bacterial community in aged and aging pit mud of Chinese Luzhou-flavour liquor by combined PCR-DGGE and quantitative PCR assay[J]. Journal of the Science of Food and Agriculture，2015，95（13）：2729-2735.

[27] 熊亚，陈强，唐玉明，等. 泸州老窖不同窖龄窖泥中乳酸菌多样性 PCR-DGGE 分析[J]. 应用与环境生物学报，2013，19（6）：1020-1024.

[28] 王葳，赵辉，陈凤阁. 浓香型白酒窖泥中乳酸菌的分离与初步鉴定[J]. 酿酒科技，2006，2006（4）：29-31.

[29] HU X，DU H，XU Y. Identification and quantification of the caproic acid-producing bacterium Clostridium kluyveri in the

fermentation of pit mud used for Chinese strong-aroma type liquor production[J]. International Journal of Food Microbiology, 2015, 214（12）：116-122.

[30] LIU C, HUANG D, LIU L, et al. Clostridium swellfunianum sp. nov., a novel anaerobic bacterium isolated from the pit mud of Chinese Luzhou-flavor liquor production[J]. Antonie van Leeuwenhoek, 2014, 106（4）：817-825.

（注：文章发表于《食品工业科技》，2018 年 39 卷 22 期）

第5章　基于DGGE的窖泥细菌与
乳酸菌多样性研究

　　浓香型是中国八大香型白酒之一，主要制作原料是粮谷，经固态发酵、蒸馏、陈酿、勾兑而成，具有以己酸乙酯为主体的复合香，其产量与销量均占我国白酒产量与销量的一般以上[1]。一般而言，浓香型白酒使用泥窖进行固态发酵，在发酵过程中，窖泥的微生物可以进入粮谷中，因此窖泥中的微生物群落结构对白酒的滋味与风味的形成起到重要作用[2-3]。研究表明，窖泥中的梭菌与乳酸菌的比例是影响白酒品质最主要的因素之一[4-6]。

　　梭菌是一类细胞形态呈梭状（鼓槌状），厌氧或微需氧，革兰氏阳性，产芽孢的一类细菌。梭菌能够发酵碳水化合物产生小分子脂肪酸，如丁酸梭菌（Clostridium butyricum）能发酵淀粉等糖类产生丁酸、乳酸以及醋酸，其他梭菌也多数能够产生一些小分子的有机酸[7-8]，其中最重要的一类梭菌是能够发酵淀粉等糖类产生己酸的微生物。固态发酵过程中，己酸能与产生的乙醇通过酯化反应产生己酸乙酯，一种影响浓香型白酒品质的主要因素之一。对于能够产生己酸乙酯的梭菌，最早是由巴克尔发现的 Clostridium kluyviri 和北原分离出来的 Clostridium barkeri[9]。后来随着对国内白酒窖泥中微生物的研究，越来越多的己酸梭菌被发掘出来，甚至应用到窖池的维护及白酒生产。另一类在窖泥中占有较大比例的微生物类群为乳杆菌属（Lactobacillus），研究显示，乳杆菌在多个地区的浓香型白酒窖泥中被检测出来。在对江苏汤沟酒厂的窖泥研究显示，高质量窖泥中的乳杆菌相对含量为 6.45%，中等质量窖泥中为 7.04%，而在退化窖泥中的相对含量高达 91.46%[10]。本研究采集了湖北省襄阳市古襄阳酒业的新窖与老窖的窖泥，使用变性凝胶电泳技术对窖泥中的微生物群落结构进行了解析，这为人为调控窖泥中的微生物群落结构以提高白酒品质提供了理论指导，并为从窖泥中分离与收集特定的微生物菌种资源奠定了基础。

5.1　材料与方法

5.1.1　材料与试剂

丙烯酰胺，甲叉双丙烯酰胺，去离子甲酰胺，三羟甲基氨基甲烷（Tris），乙二胺四乙酸二钠（EDTA·2Na），尿素，过硫酸铵，四甲基乙二胺（TEMED），氯化钠（NaCl）（均为分析纯，用于 DGGE 胶的配制）：上海国药集团化学试剂有限公司；10×PCR Buffer（含镁离子），dNTP（2.5 mol/L），rTaq DNA 聚合酶（5 U/μL），pMD19-T 载体试剂盒（用于 PCR 扩增）：宝生物工程（大连）有限公司；引物序列（表 5-1）（用于 PCR 扩增）：由天一辉远公司合成；大肠杆菌（Escherichia coli）top10（用于 TA 克隆）：实验室保存；胰蛋白胨，酵母粉（用于 TA 克隆）：英国 OXOID 公司；D5625-02 土壤 DNA 提取试剂盒（用于窖泥总 DNA 提取）：美国 Omega 公司。

表 5-1　所用引物与序列

引物	序列
M13F（-47）[11]	5'-CGC CAG GGT TTT CCC AGT CAC GAC-3'
M13R（-48）[11]	5'-GAG CGG ATA ACA ATT TCA CAC AGG-3'
All-GC-V3F[12]	5'-CGC CCG GGG CGC GCC CCG GGC GGC CCG GGG GCA CCG GGG GCC TAC GGG AGG CAG CAG-3'
All-V3F[12]	5'-TAC GGG AGG CAG CAG-3'
All-V3R[12]	5'-ATT ACC GCG GCT GCT GG-3'
Lac-GC-F[13]	5'-CGC CCG GGG CGC GCC CCG GGC GGC CCG GGG GCA CCG GGG GAC TCC T AC GGG AGG CAG CAG T-3'
Lac-F[13]	5'-T CCT ACG GGA GGC AGC AGT-3'
Lac-R[13]	5'-GTA TTA CCG CGG CTG CTG GCA C-3'

注：画线部分为 GC 夹子。

窖泥样品：采集于湖北省襄阳市古襄阳酒业有限公司，将样品保存在无菌塑料容器内，迅速放置到 -70 ℃ 冰箱，备用，新窖下层窖泥样品记为 XS，新窖中层的窖泥样品记为 XZ，新窖上层的窖泥样品记为

XX，老窖下层窖泥样品记为 LX，分别选取 5 个窖池，每个新窖窖池采集了 3 个样品，老窖采集了 1 个样品。

5.1.2　仪器与设备

280CB＋手提式高压灭菌锅：浙江新丰；Veriti PCR 仪：美国 ABI 公司；变性梯度凝胶电泳仪：美国伯乐公司；UVPCDS8000 凝胶成像系统：美国 ProteinSimple 公司；CT15E 台式高速离心机：日本日立；BG-160 隔水式培养箱：上海博讯；琼脂糖凝胶电泳系统：北京六一公司；SW-CJ-2FD 超净工作台：江苏苏净公司；NanoDrop 2000 超微量紫外分光光度计：美国 ThermoScientific 公司。

5.1.3　实验方法

1. 窖泥总 DNA 提取

将窖泥样品取出迅速解冻后，称取 1 g，使用土壤 DNA 提取试剂盒按照说明书进行窖泥总 DNA 的提取，并使用超微量紫外分光光度计测定所提取的 DNA 质量。

2. 窖泥细菌 16S rRNA 的 V_3 区扩增

以提取到的窖泥总 DNA 为模板，使用引物 ALL-GC-V_3F 与 ALL-V_3R 扩增窖泥样品的 16S rRNA 的 V_3 区，PCR 程序参照 Pearce 的条件[11]，略有修改：94 ℃ 热启动 5 min；94 ℃ 45 s，58 ℃ 退火 45 s，72 ℃ 延伸 30 s，35 个循环；再 72 ℃ 延伸 10 min。体系为 50 μL：10×PCR buffer，5 μL；dNTP，4 μL；ALL-GC-V_3F 与 ALL-V_3R（10 mmol/L），各 1 μL；DNA 模板，10 ng，加无菌纯水补足 50 μL。待 PCR 结束后，使用琼脂糖凝胶电泳检车 PCR 产物的质量。

3. 窖泥细菌的 DGGE

DGGE 的操作参照黄静的方法[14]进行：下层变性胶浓度梯度从上到下是 27%～60%，使用轮式手动灌胶系统灌入下层胶后，加入水将下层胶压平，待下层胶凝固后，除去加入的水，灌入分离胶。分离胶不含变性剂，长度为 3 cm 左右。待上层胶凝固后，小心拔出梳子，将胶板固定好，装入电泳槽，加入 0.5×TAE 并加热。待电泳液温度升至 60 ℃ 后，在每个泳道加入 15 μL 左右 PCR 产物。初始电压设置为 120 V，待指示剂快速通过上层胶后，将电压调整为 80V，电泳时间为 16 h。电泳结束后，使用银染法染色，在扫描仪上拍照保存图像，标识出特征条带，并切下来，装入无菌的 1.5 mL 离心管中，加入 50 μL 的无菌水，4 ℃ 过夜，以之为模板，使用引物 ALL-V₃F 与 ALL-V₃R 进行 PCR 扩增，PCR 体系与 PCR 程序参照上述步骤 2 的方法进行，并将 PCR 产物进行琼脂糖凝胶电泳检测。

4. 条带序列测定与分析

PCR 产物的 TA 克隆步骤参照黄静的方法进行[14]，取上述步骤 3 得到的 PCR 产物，进行 TA 克隆并测序：首先将 PCR 产物与 pMD19-T 在 16 ℃ 连接 90 min，连接后转入大肠杆菌感受态细胞，使用 M13F（-47）与 M13R（-48）以克隆子为模板进行 PCR 验证，并进行琼脂糖凝胶电泳检测结果。挑取阳性克隆子送到天一辉远（武汉）生物科技有限公司测序。将获得的序列在 NCBI 数据库 Blast 比对，挑取相似度最高的模式菌序列，使用 MEGA7.0 软件[15]以邻接法构建系统发育树，确定 DGGE 特征条带序列的系统分类。

5. 乳酸菌 16S rRNA 的 V₃ 区扩增

窖泥乳酸菌的 PCR 使用带有 GC 夹子的引物 Lac-GC-F 与 Lac-R，将退火温度设为 55 ℃[13]，PCR 程序的其他条件及 PCR 体系参照上述步骤 2。

6. 窖泥乳酸菌的 DGGE

窖泥乳酸菌的 DGGE 变形梯度设置为 30%～60%，其他条件与步骤同上述 3。

7. 条带序列测定与分析

具体实验方法与步骤参照上述 4。

5.2　结　果

5.2.1　新窖与老窖窖泥的细菌群落结构解析

窖泥对浓香型白酒的品质具有极大影响，为解析湖北省襄阳市古襄阳浓香型白酒窖泥的细菌群落结构，比较新窖与老窖的细菌群落结构差异，我们采集了新窖与老窖的窖泥样品，并进行了变形梯度凝胶电泳，电泳图谱见图 5-1。

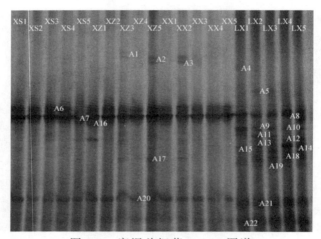

图 5-1　窖泥总细菌 DGGE 图谱

由图 5-1 可知，新窖窖池下层的窖泥与老窖下层窖窖泥的图谱中条带带型具有明显差异，老窖下层的窖泥全菌条带多于新窖，且条带类型更为丰富，而新窖则主要集中在图谱中央的两条亮带。由此可见，老窖窖泥中的细菌多样性可能更为丰富，而新窖则较为单一。为明确 DGGE 图谱中的条带所代表的微生物类群，切取特征性条带，编号为 A＋数字，并对这些条带进行了 TA克隆与测序，获得的序列在 NCBI 数据库的比对结果见表 5-2。

由表 5-2，窖泥中的细菌，通过 DGGE 法，共检测到了 2 个菌门，分别是厚壁菌门（Firmicutes）和拟杆菌门（Bacteroidetes），其中厚壁菌门的细菌较为丰富，可以分为 6 个科，分别为：芽孢杆菌科（Bacillaceae）、梭菌科（Clostridiaceae）、Gracilibacteraceae、毛螺菌科（Lachnospiraceae）、瘤胃菌科（Ruminococcaceae）与高温放线菌科

表 5-2　窖泥全菌 DGGE 特征条带序列 NCBI 数据库 Blast 结果

条带编号	序列相似度最高的模式菌株（登录号）	相似度/%	属与种	差异碱基数	菌门	菌科
A1	Lactobacillus plantarum CIP103151（MH571418）	100	Lactobacillus plantarum	0	Firmicutes	Lactobacillaceae
A2	Lactobacillus acetotolerans JCM 3825（LC 071813）	100	Lactobacillus acetotolerans	0	Firmicutes	Lactobacillaceae
A3	Lactobacillus acetotolerans JCM 3825（LC 071813）	99	Lactobacillus acetotolerans	1	Firmicutes	Lactobacillaceae
A4	Proteiniphilum acetatigenes TB107（NR_043154）	97	Proteiniphilum sp.	5	Bacteroidetes	Dysgonamonadaceae
A5	Petrimonas sulfuriphila BN3（NR_042987）	100	Petrimonas sulfuriphila	0	Bacteroidetes	Porphyromonadaceae
A6	Lactobacillus acetotolerans JCM 3825（LC 071813）	100	Lactobacillus acetotolerans	0	Firmicutes	Lactobacillaceae
A7	Clostridium cochlearium NCTC 13027（LT906477）	100	Clostridium cochlearium	0	Firmicutes	Clostridiaceae
A8	Croceifilum oryzae ZYf1a3（NR_145631）	97	Croceifilum sp.	4	Firmicutes	Thermoactinomycetaceae
A9	Sedimentibacter saalensis DSM 13558（AJ404680）	98	Sedimentibacter sp.	7	Firmicutes	Sedimentibacter f
A10	Petrimonas sulfuriphila BN3（NR_042987）	100	Petrimonas sulfuriphila	0	Bacteroidetes	Porphyromonadaceae
A11	Clostridium fallax JCM 1398（LC036315）	100	Clostridium fallax	0	Firmicutes	Clostridiaceae
A12	Anaerotruncus colihominis DSM 17241（ABGD02000032）	91	—	14	Firmicutes	Ruminococcaceae
A13	Kineothrix alysoides KNHs209（NR_156081）	100	—	0	Firmicutes	Lachnospiraceae
A14	Syntrophaceticus schinkii Sp3（NR_116297）	95	Syntrophaceticus sp.	7	Firmicutes	—
A15	Petrimonas sulfuriphila BN3（NR_042987）	100	Petrimonas sulfuriphila	0	Bacteroidetes	Porphyromonadaceae
A16	Lysinibacillus fusiformis R112 [KU752870]	85	—	24	Firmicutes	Bacillaceae
A17	Marinilabilia nitratireducens AK2（NR_132609）	91	—	14	Bacteroidetes	Marinilabiliaceae
A18	Clostridium butyricum VTTE-97426（KU321268）	100	Clostridium butyricum	0	Firmicutes	Clostridiaceae
A19	Gracilibacter thermotolerans JW/YJL-S1（NR_115693）	97	Gracilibacter sp.	4	Firmicutes	Gracilibacteraceae
A20	Lactobacillus acetotolerans JCM 3825（LC 071813）	100	Lactobacillus acetotolerans	0	Firmicutes	Lactobacillaceae
A21	Flavobacterium urocaniciphilum YIT 12746（NR_125467）	88	Flavobacterium sp.	18	Bacteroidetes	Flavobacteriaceae
A22	Clostridium caenicola EBR596（NR_126170）	95	Clostridium sp.	7	Firmicutes	Clostridiaceae

（Thermoactinomycetaceae），其中条带 A9 与 A14 的序列所代表的微生物类群尚未建立科的分类单位。它们进一步可以分为 6 个菌属，分别为梭菌属（*Clostridium*）、*Gracilibacter*、乳杆菌属（*Lactobacillus*）、*Sedimentibacter*、*Syntrophaceticus*、*Croceifilum*，而条带 A13 的序列与多个属的模式菌相似度超过了 99%，A12 与 A16 与已知模式菌的最高相似度均低于 91%，因此无法将它们鉴定为个已知菌属。

由图 5-2 可知，在这些条带中，能鉴定为乳杆菌属与梭菌属的特征条带数量最多，分别为 5 个和 4 个，其次是归为 *Petrimonas sulfuriphila* 的特征条带有 3 个，但是它们的条带亮度偏暗，表明在窖泥中梭菌与乳酸菌的丰度最高，这与通过高通量测序法对窖泥的研究结果一致，乳杆菌属的相对含量超过了 50%[16]。代表乳杆菌属的特征条带可以进一步分类为两种，第一类特征条带 A2、A3、A6 与 A20 鉴定为耐酸乳杆菌（*Lactobacillus acetotolerans*），条带类型最多；而另一类条带 A1，与多个乳杆菌的模式种的序列相似度均较高，无法鉴定为具体的种。而梭菌的 4 个特征条带序列则可以进一步分为 4 类，其中特征条带 A7、A11 和 A18 分别与模式种 *Clostridium cochlearium*、*Clostridium fallax* 及 *Clostridium butyricum* 的相似度为 100%，可以鉴定为这三个梭菌种；而条带 A22 仅与模式菌 *Clostridium caenicola* 的相似度为 95%，可能代表了一个新的细菌类群。

5.2.2 新窖与老窖窖泥的乳酸菌群落结构差异分析

根据图 5-1，新窖窖泥 DGGE 图谱泳道中间位置的 A6 与 A7 亮度明显高于其他特征条带，而经测序，我们发现基于这两个条带序列比对与系统发育关系分析，可以分别将他们代表的细菌类群归为梭菌属与乳杆菌属，表明梭菌属与乳杆菌属类群的微生物在新窖窖泥中的丰度较高。另外，由表 5-2 可知，代表梭菌与乳酸菌的特征条带数量也是最多的，也证实了这一点。老窖样品的泳道中，A6 相对应的位置出现的条带较浅，另外老窖 A20 相对应位置则未出现相应的条带，进一步说明了新窖的窖泥中的乳酸菌类群含量远远高于老窖窖泥中的数量，而这可能是导致新窖出产的白酒品质低于老窖的原因，差异主要可能由耐酸乳杆菌引起。基于 DGGE 法对泸州老窖窖泥[17]的研究，同样检测大了耐酸乳杆菌的特征条带，说明在不同地区窖泥中，耐酸乳杆菌可能是窖泥中的共有微生物类群。

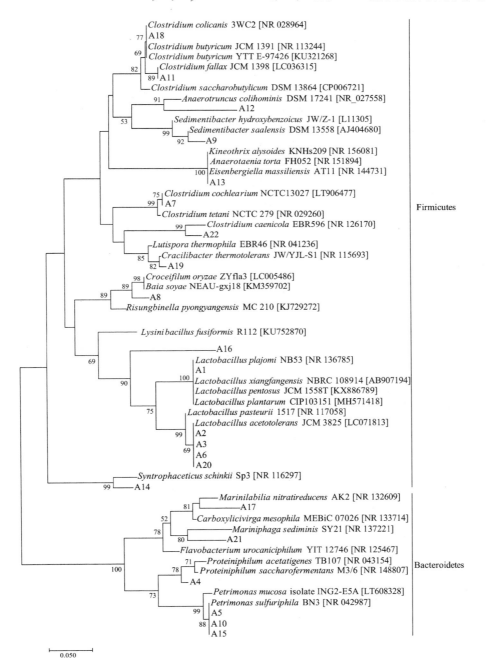

图 5-2　基于窖泥全菌特征条带序列的系统发育树

窖泥中的梭菌是另一类对白酒品质具有重要影响的细菌类群。由图 5-1 可知，在 DGGE 图谱中，新窖窖泥特征条带 A7 代表 *Clostridium cochlearium*，对应位置的老窖样品中条带亮度更高，表明新老窖泥中的该类型梭菌均丰度较高，但老窖泥样品中的梭菌含量要高于新窖泥样品。除了 A7 之外，老窖窖泥样品 A22 代表的细菌也归为了梭菌未知种，而对应位置的新窖未出现特征条带。此外，老窖中特征条带 A11 与 A18 对应位置，新窖样品也未出现相应条带。可见，新窖与老窖虽然梭菌含量均较多，然而梭菌的组成却显然不同，新窖中的梭菌种类较为单一，老窖泥样品中丰度更高，含量也较多。在泸州老窖及江苏汤沟的窖泥中，同样是梭菌含量在老窖窖泥高于新窖窖泥[18-19]。

对于位于不同位置的新窖样品而言，共有特征条带以 A6 与 A7 以及 A20 为主，且它们的亮度远远高于其他条带，尽在少数样品中出现了一些偏暗的零散条带，但总体上，随着新窖上中下空间位置的变化，主要的细菌类群无明显变化，仍然是以梭菌与耐酸乳杆菌为主。

5.2.3 新窖与老窖窖泥的乳酸菌群落结构解析

为进一步明确新窖中的乳酸菌类型，我们使用乳酸菌专用引物，对新老窖泥中的乳酸菌进行了 PCR，并通过 DGGE 进一步明确了乳酸菌在新老窖泥中的分布，得到的 DGGE 图谱如图 5-3 所示。由图可知，新窖中的最亮的特征条带仍然集中在图谱泳道的中央，而对应的位置老窖泳道中并未出现对应带型。除此之外，老窖样品泳道中出现的多个特征条带，并未在新窖中并未出现，表明老窖与新窖之间的乳酸菌差异极大，与细菌的 DGGE 分析结果一致。对这些特征性条带的序列进行了测序与系统发育分析，具体见图 5-4 与表 5-3。

尽管在对窖泥中乳酸菌的 PCR 时使用了乳酸菌的专用引物[13]，由表 5-3 可知，老窖中的特征条带 L1、L2 与 L3 代表的细菌类群并未鉴定为乳酸菌，其他特征条带 L4、L9 与 L10 鉴定为乳酸菌的 2 个属，分别是肠球菌属（*Enterococcus*）与乳杆菌属，其中肠球菌属未在全菌 DGGE 图谱中检测到；新窖中的特征性条带 L5、L6、L7、L8 与 L11 均鉴定为乳酸菌，且属于乳酸菌的同一个属，与全菌 DGGE 图谱的结果一致。

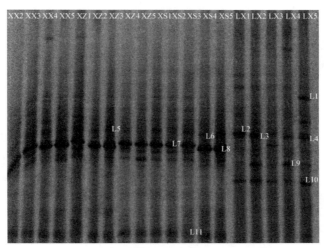

图 5-3   窖泥样品乳酸菌 DGGE 图谱

表 5-3   窖泥乳酸菌 DGGE 特征条带序列 NCBI 数据库 Blast 结果

条带编号	序列相似度最高的模式菌株（登录号）	相似度/%	科
L1	*Pelospora glutarica* WoGl3（NR_028910）	94	Syntrophomonadaceae
L2	*Marinilabilia nitratireducens* AK2（NR_132609）	93	Marinilabiliaceae
L3	*Pelotomaculum isophthalicicum*（NR_041320）	97	Peptococcaceae
L4	*Enterococcus faecium* NBRC 100486（MH544642）	100	Enterococcaceae
L5	*Lactobacillus acetotolerans* JCM 3825（LC 071813）	99	Lactobacillaceae
L6	*Lactobacillus acetotolerans* JCM 3825（LC 071813）	100	Lactobacillaceae
L7	*Lactobacillus acetotolerans* JCM 3825（LC 071813）	100	Lactobacillaceae
L8	*Lactobacillus acetotolerans* JCM 3825（LC 071813）	100	Lactobacillaceae
L9	*Lactobacillus plantarum* CIP103151（MH571418）	100	Lactobacillaceae
L10	*Enterococcus lactis* BT159（NR_117562）	100	Enterococcaceae
L11	*Lactobacillus acetotolerans* JCM 3825（LC 071813）	99	Lactobacillaceae

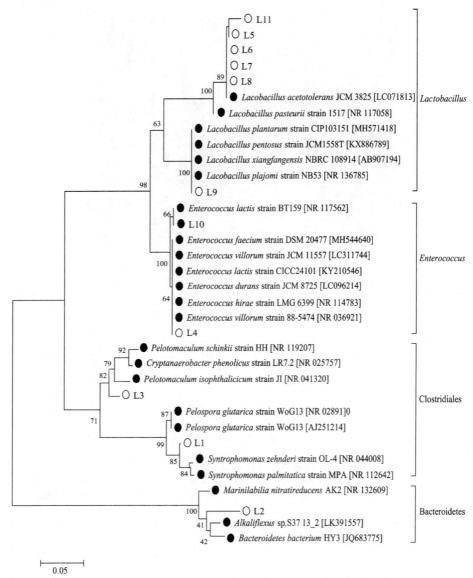

图 5-4　基于 16S rRNA V3 区的窖泥乳酸菌系统发育树

　　由图 5-3 及图 5-4 可知，新窖窖泥中的主要特征条带 L5、L6、L7、L8 与 L11 代表的乳酸菌均鉴定为了耐酸乳杆菌，表明新窖窖泥中乳酸菌中耐酸乳杆菌占有绝对优势，而根据 DGGE 图谱，在相应的位置老窖样品泳道并未出现这些特征条带。与此同时，老窖中的特征条带的序列经测序与分析，可以将它们鉴定为 4 个属，分别是 *Pelospora*、*Pelotomaculum*、肠球菌属与乳杆菌属，而条带 L2 的序列与序列相似度最高的模式菌低于 97%，因此可能代表了 Marinilabiliaceae 科的新属。在老窖样品泳道中出现的代表乳酸菌的特征条带均为在新窖中出现，条带 L4 与 L10 与多个肠球菌属的多个模式菌相似度均超过了 100%，条带 L9 与植物乳杆菌等多个模式菌的相似度也超过了 100%，无法将这些条带代表的乳酸菌归到已知某个乳酸菌种的分类单元中。因此老窖中的乳酸菌以植物乳杆菌类群与肠球菌为主，而新窖窖泥样品中以耐酸乳杆菌为主。从空间排布上来看，来自 5 个不同新窖上中下的窖泥中，特征条带的数量与带型并无明显差异，也说明了古襄阳新窖窖泥中的乳酸菌类群差异不大。

5.3 结 论

基于变性梯度凝胶电泳技术对新窖与老窖窖泥的全菌与乳酸菌的研究表明，古襄阳新窖与老窖窖泥中的微生物群落结构具有极大的差异，新窖中的细菌群落结构丰度低于老窖，且主要以乳杆菌属中的耐酸乳杆菌为主，而老窖中的细菌群落多样性更高，且以梭菌为代表的厚壁菌门类群为主，且含有的耐酸乳杆菌低于 DGGE 的检测限。进一步的研究证实，老窖中的乳酸菌以肠球菌属乳酸菌以及植物乳杆菌类群为主，而新窖的窖泥样品均未检测到中这两类的乳酸菌，主要以耐酸乳杆菌为主。

参考文献

[1] 赖登燡. 中国十种香型白酒工艺特点、香味特征及品评要点的研究[J]. 酿酒，2005，32（6）：1-6.

[2] 曾田，胡晓龙，马兆，等. 浓香型白酒窖泥中"增己降乳"原核微生物群落多样性解析[J]. 轻工学报，2017（6）：12-19.

[3] 管健，廖蓓，李兆飞，等. 白酒功能菌的功能特性及应用研究[J]. 中国酿造，2017，36（8）：1-5.

[4] 崔世亮，杨玉珍，节秀娟. 己酸菌的选育与应用研究[J]. 酿酒科技，2003（4）：38-39.

[5] 何培新，胡晓龙，郑燕，等. 中国浓香型白酒"增己降乳"研究与应用进展[J]. 轻工学报，2018，33（4）：1-12.

[6] 曾丽云，袁玉菊，张倩颖，等. 窖泥细菌群落结构与基酒挥发性组分相关性分析[J]. 食品科技，2017（2）：9-13.

[7] LAWSON PA，RAINEY FA. Proposal to restrict the genus Clostridium（Prazmowski）to Clostridium butyricum and related species [J]. International Journal of Systematic and Evolutionary Microbiology，66（2）：1009-1016

[8] 何培新，李芳莉，郑燕，等. 浓香型白酒窖泥梭菌的分离及其挥发性代谢产物分析[J]. 中国酿造，2017，36（4）：45-49.

[9] 周恒刚. 80 年代前己酸菌及窖泥培养的回顾[J]. 酿酒科技，1997（4）：17-22.

[10] HU X，DU H，REN C，et al. Illuminating anaerobic microbial community and co-occurrence patterns across a quality gradient in chinese liquor fermentation pit muds [J]. Applied and Environmental Microbiology，2016，82（8）：2 506-2 525.

[11] PEARCE DA. Significant changes in the bacterioplankton community structure of a maritime Antarctic freshwater lake following nutrient enrichment.[J]. Microbiology，2005，151（Pt 10）：3237-3248.

[12] MCEWAN NR，ABECIA L，REGENSBOGENOVA M，et al. Rumen microbial population dynamics in response to photoperiod[J]. Letters in applied microbiology，2005，41（1）：97-101.

[13] ZHAO X，LIU XW，XIE N，et al. Lactobacillus species shift in distal esophagus of high-fat-diet-fed rats[J]. World Journal of Gastroenterology，2011，17（26）：3151-3157.

[14] 黄静. 两种典型水稻土剖面细菌生物多样性及其矿物风化效应研究[D]. 南京：南京农业大学，2013.

[15] KUMAR S，STECHER G，TAMURA K. MEGA7：molecular evolutionary genetics analysis version 7.0 for bigger datasets[J]. Molecular Biology & Evolution，2016，33（7）：1 870-1 874.

[16] 杨小丽，尚雪娇，余海忠，等. 基于 Miseq 高通量测序技术的古襄阳酒窖泥细菌多样性评价[J]. 2018，37（7）：26-30.

[17] ZHANG L，ZHOU R，NIU M，et al. Difference of microbial community stressed in artificial pit muds for Luzhou-flavour liquor brewing revealed by multiphase culture-independent technology[J]. Journal of applied microbiology，2015，119（5）：1345-1356.

[18] LIANG H，LI W，LUO Q，et al. Analysis of the bacterial community in aged and aging pit mud of Chinese Luzhou - flavour liquor by combined PCR - DGGE and quantitative PCR assay[J]. Journal of the Science of Food and Agriculture，2015，95（13）：2729-2735.

[19] TAO Y，LI J，RUI J，et al. Prokaryotic communities in pit mud from different-aged cellars used for the production of Chinese strong-flavor liquor[J]. Applied and environmental microbiology，2014，80（7）：2254-2260.

（注：文章发表于《食品研究与开发》，2019 年 38 卷）

第6章　浓香型白酒窖泥中乳酸菌的分离及其在柑橘酒中的应用

作为柑橘深加工的重要领域，以柑橘为原料进行果酒酿制，不仅促进了柑橘产业的多元化发展，同时亦提高了农产品的附加值[1]。虽然橘子酒富含有机酸和维生素等多种营养成分，但其存在酸味和苦味偏重的不足[2]，在一定程度上降低了消费者对产品的喜好程度，因而积极寻求改善橘子酒口感的方法是极为必需的。

果酒发酵过程中适当的有机酸可平衡酒中的苦涩味，而有机酸含量过高亦会导致果酒口感酸涩[3]。目前研究人员多采用工艺优化的方法，通过添加蔗糖[4]和糯米粉[5]的方式改善橘子酒的风味。通过将苹果酸分解为乳酸同时引起其他有机酸的变化，在果酒发酵过程中添加乳酸菌亦可显著改善果酒的口感[6]。作为浓香型白酒窖泥中的重要功能菌群，适当的乳酸菌产生的乳酸除具有调和酒味的缓冲功能外，亦可与酒精生成乳酸乙酯，具有提升浓香型白酒品质的作用[7]。除此之外，窖泥中的乳酸菌具有较强的酒精耐受性[8]，因而从浓香型白酒窖泥中分离乳酸菌并对其在橘子酒中的应用潜力进行评价是较为可行的。

在对浓香型白酒窖泥中乳酸菌进行分离鉴定的基础上，将其与酵母菌联合发酵进行橘子酒制备，采用电子舌对橘子酒滋味品质进行评价的同时，使用高效液相色谱法（High performance liquid chromatography，HPLC）对橘子酒中有机酸的种类和含量进行了解析，通过本项目的实施以期为后续橘子酒相关产品的开发提供数据支撑和理论支持。

6.1 材料与方法

6.1.1 材料与试剂

柑橘（品种为宫川）和白砂糖：市售；果胶酶（5万酶活）：和氏璧生物技术有限公司；偏高活性葡萄酒果酒干酵母：安琪酵母股份有限公司；牛肉膏、酵母膏、柠檬酸铵、吐温-80、琼脂、葡萄糖、乙酸钠、磷酸氢二钾、七水硫酸镁、一水硫酸锰、蛋白胨、柠檬酸二铵、十二烷基硫酸钠、氯化钠、酚、异戊醇、氯仿、乙酸钠、乙醇、乙二胺四乙酸、碳酸钠和碳酸钙：国药集团化学试剂有限公司；溶菌酶、蛋白酶K、dNTP、DNA聚合酶、2×PCR mix、10×PCR buffer和T-载体：北京全式金生物技术有限公司；引物（27F/1495R）：武汉天一辉远生物科技有限公司合成；内部液、参比溶液、阴离子溶液和阳离子溶液：日本Insent公司；草酸、乙酸、乳酸、苹果酸、琥珀酸、柠檬酸和酒石酸：西陇科学股份有限公司。

6.1.2 仪器与设备

全营养破壁料理机：欧麦斯电器集团(香港)实业有限公司；UV-1100紫外-可见分光光度计：上海美谱达仪器有限公司；250B数显生化培养箱：常州市荣华仪器制造有限公司；BXM-30R立式压力蒸汽灭菌器：上海博迅实业有限公司医疗设备厂；DG250厌氧工作站：英国DWS公司；DYY-12电泳仪：北京六一仪器厂；ECLIPSE Ci生物显微镜：日本Nikon公司；vetiri梯度基因扩增仪：美国AB公司；FluorChem FC 3化学发光凝胶成像系统：美国FluorChem公司；LC-20ADXR高效液相色谱仪：日本岛津公司；Inertsil ODS-SP C 18色谱柱（150 mm×4.6 mm，5 μm）：日本岛津公司；SA-402B电子舌（配置CA0、C 00、AE1、CT0和AAE测试传感器）：日本Insent公司。

6.1.3　实验方法

1. 样品的采集

从湖北古襄阳酒业的窖泥车间选取 3 个窖池，编号分别为 A、B 和 C，在每个窖池的上层（距地面 20 cm）、中层和底层分别挖取 100 g 左右窖泥，同一窖池的窖泥混合均匀后装入样品瓶中，置于冰盒中运回实验室进行乳酸菌的分离。

2. 窖泥乳酸菌的分离纯化及 DNA 提取

将窖泥样品 10 倍梯度稀释后，取 3 个适宜的梯度涂布于含有 1% 碳酸钙的 MRS 固体培养基中，37 ℃ 厌氧培养 2 d，选取菌数在 30 ~ 300 的梯度进行菌落形态记录。取有透明圈的单菌落划线，纯化 3 次之后，进行过氧化氢酶试验和革兰氏染色。将过氧化氢酶试验结果为阴性和革兰氏染色结果为阳性的纯菌株暂定为疑似乳酸菌[9]。使用十六烷基三甲基溴化铵（CTAB）法对菌株基因组 DNA 进行提取[10]，并进行琼脂糖凝胶电泳检测。

3. 16S rDNA 的 PCR 扩增

扩增体系：正反向引物各 0.5 μL，模板 0.5 μL，dNTP 2 μL，10 × PCR buffer 2.5 μL，Taq 酶 0.2 μL，超纯水 18.8 μL。其中正反向引物为 27F：5′-AGAGTTTGATCCTGGCTCAG-3′；反向引物为 1495R：5′-CTACG GCTACCTTCTTACGA-3′[11]。

扩增程序为：94 ℃ 预变性 4 min；94 ℃ 变性 45 s，55 ℃ 退火 45 s，72 ℃ 延伸 1 min 30 s，循环 30 次；72 ℃ 延伸 10 min；4 ℃ 保温[11]。用 1.0% 的琼脂糖凝胶电泳进行检测。将扩增成功的 PCR 产物进行纯化、连接、转化以及鉴定，并将鉴定出的阳性克隆子的菌液寄往南京金斯瑞生物科技有限公司进行测序。将测出的序列与 NCBI 数据库进行 BLAST 同源性比对[12]，以确定其分子学地位，并使用 MEGA7.0 软件构建系统发育树。

4. 菌株酒精耐受性的测定

将活化 3 代的菌株分别接种于含乙醇浓度为 0%、3%、5%、7% 的

MRS 液体培养基中，在 37 ℃ 的条件下培养 48 h 后，在 λ=600 nm 处测定其浊度。

5. 橘子酒的制作

将成熟的橘子去皮、分瓣和打浆→添加偏重亚硫酸钾（90 mg/L）→添加 0.01%（m/V）果胶酶→用碳酸钠调 pH 值为 6.0，用白砂糖调整糖度为 20° Brix→常温放置 12 h→添加 0.02%（m/V）干酵母→控温发酵（22 ℃，6 d）→酒渣分离→按照 $5×10^6$ CFU/mL 的接种量接种乳酸菌→后发酵（18 ℃，20 d）→陈酿→澄清→过滤→杀菌→装瓶。

6. 橘子酒滋味品质的评价

参照郭壮的方法进行测定[13]。传感器 CAO、AE1、COO、AAE 和 CTO 首先测得参比溶液电势 V_r，然后测得橘子酒的电势 V_s，在参比溶液中洗涤后，传感器 COO、AE1 和 AAE 测得参比溶液电势 V_r'。V_s-V_r 即为酸、苦、涩、咸和鲜味 5 个基本味的相对强度；V_r-V_r' 即为橘子酒后味 A（涩的回味）、后味 B（苦的回味）和丰度（鲜的回味）的相对强度。

7. 橘子酒有机酸的测定

将乳酸、草酸、酒石酸、乙酸、柠檬酸和苹果酸的标准样品用超纯水配置成 0.001～3 g/L 的梯度，根据有机酸浓度和色谱峰峰面积进行线性拟合。

样品处理：取 2 mL 样品，加 200 μL 磷酸，定容到 10 mL，混匀后用 0.22 μm 水相滤膜过滤，备用。

色谱条件：流动相为 0.01 mol/L 磷酸二氢钾，pH 值为 2.9，柱温为 30 ℃，流速为 1.0 mL/min，进样体积为 10 μL，色谱柱为 C_{18} 柱（150×4.6 mm，5 μm），检测器为紫外检测器，检测波长为 215 nm[14]。

8. 橘子酒理化指标的评价

使用 Mega7.0 软件（http：//www.megasoftware.net/）绘制系统发育树，其他图均使用 Origin 8.6 软件（OriginLab Corp，MA，USA）绘制。

6.2　结果与分析

6.2.1　乳酸菌形态学观察及 16S rDNA 同源性分析

从窖泥样品中共分离出 15 株疑似乳酸菌菌株,显微镜下观察均为短杆, 所有菌株的菌落均为圆形、颜色为乳白色且边缘光滑整齐。所有菌株过氧化氢酶均为阴性, 革兰氏染色均为阳性。在提取疑似乳酸菌菌株 DNA 基础上, 本研究通过 16S rDNA 同源性分析对 15 株疑似乳酸菌菌株进行了鉴定, 进而确定了其分类学地位, 15 株乳酸菌 16S rDNA 序列分析结果如表 6-1 所示。

表 6-1　15 株乳酸菌 16S rDNA 序列分析结果

编号	相似菌株	相似度	鉴定结果
JNA1-1	*Lactobacillus paracasei* R094 [NR_025880]	99	*Lactobacillus paracasei*
JNA1-2	*Lactobacillus paracasei* R094 [NR_025880]	99	*Lactobacillus paracasei*
JNA2-1	*Lactobacillus paracasei* R094 [NR_025880]	99	*Lactobacillus paracasei*
JNA2-2	*Lactobacillus paracasei* R094 [NR_025880]	99	*Lactobacillus paracasei*
JNA2-3	*Lactobacillus paracasei* R094 [NR_025880]	99	*Lactobacillus paracasei*
JNB1-1	*Lactobacillus paracasei* R094 [NR_025880]	99	*Lactobacillus paracasei*
JNB1-2	*Lactobacillus paracasei* R094 [NR_025880]	99	*Lactobacillus paracasei*
JNB1-3	*Lactobacillus paracasei* R094 [NR_025880]	99	*Lactobacillus paracasei*
JNB2-1	*Lactobacillus paracasei* R094 [NR_025880]	99	*Lactobacillus paracasei*
JNB2-2	*Lactobacillus paracasei* R094 [NR_025880]	99	*Lactobacillus paracasei*
JNC 1-1	*Lactobacillus paracasei* R094 [NR_025880]	99	*Lactobacillus paracasei*
JNC 1-2	*Lactobacillus paracasei* R094 [NR_025880]	99	*Lactobacillus paracasei*
JNC 2-1	*Lactobacillus paracasei* R094 [NR_025880]	99	*Lactobacillus paracasei*
JNC 3-1	*Lactobacillus paracasei* R094 [NR_025880]	99	*Lactobacillus paracasei*
JNC 3-2	*Lactobacillus paracasei* R094 [NR_025880]	99	*Lactobacillus paracasei*

由表 6-1 可知, 15 株疑似乳酸菌均被鉴定为 *Lactobacillus paracasei*, 且与 *L. paracasei* R094 16S rDNA 序列同源性均为 99%, 由此可见, *L. paracasei* 是古襄阳酒业窖泥中的优势乳酸菌。

在已知同源性比对结果的基础之上, 本研究进一步使用 MEGA7.0 软件以 Neighbor-Joining 法构建系统发育树, 标准序列中包括作为系统

发育树外群序列的 *L. brantae* SL1108 和 *L. curvatus* JCM 1096 以及系统
发育树外群序列的 *L. zeae* RIA 482 和 *L. rhamnosus* NBRC 3425，系统发
育树如图 6-1 所示。

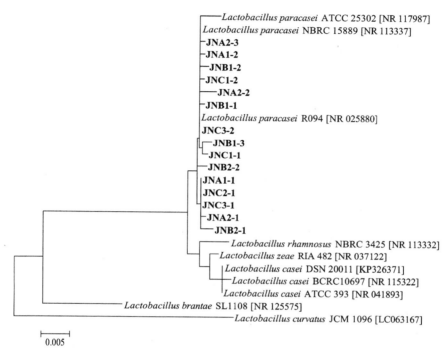

图 6-1　15 株乳酸菌的系统发育树

由图 6-1 可知，15 株菌株和 2 株内群菌株形成了第一类群，而外群菌
L. brantae SL1108 和 *L. curvatus* JCM 1096 分别形成了第二类群和第三类
群，且 15 株菌株的 16S rDNA 序列同源性均为 99%，均鉴定为 *L. paracasei*。

6.2.2　窖泥乳酸菌菌株酒精耐受性的测定

在明确各菌株分类学地位的基础之上，本研究评价了 15 株乳酸菌的
酒精耐受性，结果如图 6-2 所示。

由图 6-2 可得，15 株乳酸菌在含乙醇 7% 的 MRS 培养基中仍然可以
生长，说明其具有较好的酒精耐受性。值得一提的是，随着酒精含量的
升高，乳酸菌的生长受到了明显的抑制（$P<0.05$）。

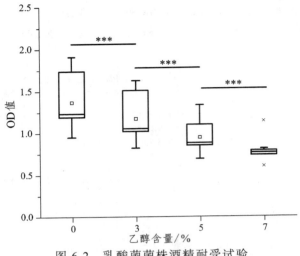

图 6-2　乳酸菌菌株酒精耐受试验

6.2.3　橘子酒滋味品质的评价

为了进一步研究添加乳酸菌对橘子酒滋味品质的影响，本研究采用电子舌技术对果酒各滋味指标的相对强度值进行了测定，其结果如图 6-3 所示。

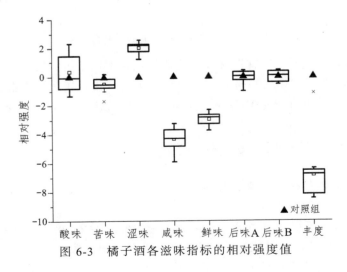

图 6-3　橘子酒各滋味指标的相对强度值

由图 6-3 可知，添加乳酸菌后橘子酒苦味、咸味、鲜味和丰度（鲜的回味）相对强度呈现下降趋势，涩味相对强度呈现上升趋势，而酸味、后味 A（涩的回味）和后味 B（苦的回味）因使用菌株发酵特性的不同呈现出不同的变化趋势，这说明在后发酵过程中添加乳酸菌会显著影响橘子酒的滋味品质。值得一提的是，酸味是橘子酒滋味品质中差异最大的指标，这可能与乳酸菌菌株产酸和苹果酸-乳酸发酵能力不同有关。为了进一步探讨添加乳酸菌对橘子酒酸味的影响，本研究采用 HPLC 技术对橘子酒中的有机酸含量进行了测定，结果如图 6-4 所示。

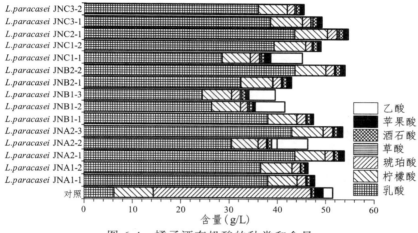

图 6-4　橘子酒有机酸的种类和含量

由图 6-4 可知，橘子酒中的有机酸主要是乳酸、柠檬酸和琥珀酸，添加乳酸菌可明显提升果酒中乳酸的含量，并降低琥珀酸的含量。除此之外，添加乳酸菌的果酒中苹果酸的含量也较对照组低，说明苹果酸-乳酸发酵过程可以将苹果酸转为乳酸。由图 4 可知，*L. paracasei* JNC 1-1、*L. paracasei* JNB2-1、*L. paracasei* JNB1-3 和 *L. paracasei* JNB1-2 可明显降低 7 种有机酸的总含量，而 *L. paracasei* JNC 2-1、*L. paracasei* JNB2-2、*L. paracasei* JNA2-3 和 *L. paracasei* JNA2-1 可提高果酒中乳酸菌的含量。由此可见，不同乳酸菌菌株的发酵特性是具有较大差异的，在后续研究中积极开展橘子酒用乳酸菌菌株的筛选是极为必要的。

在解析果酒各滋味指标相对强度和有机酸差异的基础之上，本研究采用 PCA 对果酒滋味品质进行了进一步评价，橘子酒滋味品质的因子载荷图如图 6-5 所示。

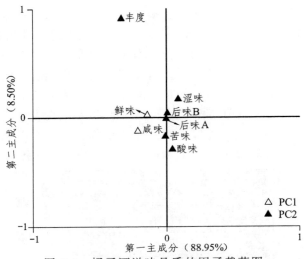

图 6-5　橘子酒滋味品质的因子载荷图

由图 6-5 可知，第一主成分由咸味和鲜味 2 个指标组成，其贡献率为 88.95%；第二主成分由丰度（鲜的回味）、涩味、后味 A（涩的回味）、后味 B（苦的回味）、苦味和酸味 6 个指标所组成，其贡献率为 8.50%。橘子酒滋味品质的主成分 1 与主成分 2 因子得分图如图 6-6 所示。

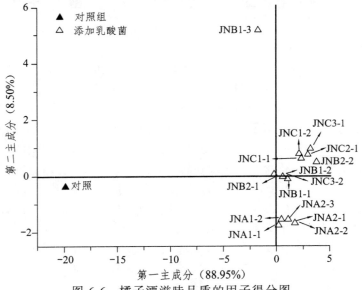

图 6-6　橘子酒滋味品质的因子得分图

由图 6-6 可知，在水平方向上，相对于对照组而言，添加乳酸菌的样品在因子得分图上的分布整体偏右，结合因子载荷图可知，添加乳酸菌发酵后橘子酒的鲜味和咸味减弱。由图 6-6 亦可知，*L. paracasei* JNB1-3 在空间排布上较之其他添加乳酸菌的样品偏左上，结合因子载荷图可知，添加该菌株可明显降低橘子酒的酸味和苦味。由此可见，*L. paracasei* JNB1-3 在后续橘子酒发酵中可能具有一定的应用潜力。

6.3 结 论

从浓香型白酒窖泥中共分离出了 15 株乳酸菌，经鉴定全为 *L. paracasei*，*L. paracasei* 为古襄阳酒业窖泥中的优势乳酸菌。橘子酒中的有机酸主要为乳酸、柠檬酸和琥珀酸，酸味是不同样品间差异最大的滋味指标。在后发酵过程中添加乳酸菌会显著影响橘子酒的滋味品质，*L. paracasei* JNB1-3 可明显降低橘子酒的酸味和苦味，在后续相关产品开发中可能具有一定的应用潜力。

参考文献

[1] 米桂，李新生，刘新，等. 响应面法优化橘子酒发酵工艺及动力学研究[J]. 食品工业，2016，37（3）：172-176.

[2] 曾霖霖，黄惠华. 响应曲面法优化柚皮苷酶对金橘汁的脱苦工艺[J]. 食品工业科技，2011，32（5）：315-318.

[3] 沈颖，刘晓艳，白卫东，等. 果酒中有机酸及其对果酒作用的研究[J]. 中国酿造，2012，31（2）：29-32.

[4] 何钢，郭晓强，颜军，等. 橘子果酒的发酵工艺优化[J]. 食品与发酵科技，2013，49（5）：1-5.

[5] 刘新，李新生，吴三桥，等. 响应面法优化橘汁糯米粉糖化醪液制备工艺[J]. 食品科学，2012，33（2）：84-88.

[6] 李静，樊明涛，孙慧烨. 植物乳杆菌对猕猴桃酒降酸效果的研究[J]. 食品工业科技，2016，37（1）：165-169.

[7] LIANG H，LI W，LUO Q，et al. Analysis of the bacterial community in aged and aging pit mud of Chinese Luzhou-flavour liquor by combined PCR-DGGE and quantitative PCR assay[J]. Journal of the Science of Food and Agriculture，2015，95（13）：2729-2735.

[8] 熊亚，陈强，唐玉明，等. 泸州老窖不同窖龄窖泥中乳酸菌多样性 PCR-DGGE 分析[J]. 应用与环境生物学报，2013，19（6）：1020-1024.

[9] 曹佳璐，张和平. 内蒙古腌制沙葱中乳酸菌分离鉴定[J]. 食品与发酵科技，2015，51（4）：78-83.

[10] 武俊瑞，张苗，岳喜庆，等. 黑龙江传统发酵豆酱中乳酸菌的分离鉴定[J]. 食品与发酵工业，2014，40（3）：83-86.

[11] 翟磊，凌空，宋振，等. 哈萨克传统发酵食品中乳酸菌的分离鉴定及代谢特性研究[J]. 食品与发酵工业，2017，43（7）：122-127.

[12] 张栋，冯丽莉，郝宏伟，等. 新疆阿勒泰地区传统酸乳中乳酸菌的分离鉴定及菌相分析[J]. 食品科技，2017，42（3）：22-25.

[13] 郭壮，汤尚文，王玉荣，等. 基于电子舌技术的襄阳市售米酒滋味品质评价[J]. 食品工业科技，2015，36（15）：289-293.

[14] 侍崇娟，吕钰凤，杜晶，等. 杨梅酒发酵工艺及其风味变化[J]. 食品工业科技，2015，36（6）：166-170.

（注：文章发表于《中国酿造》，2018 年 37 卷 7 期）

第 7 章　襄阳浓香型白酒窖泥中乳酸菌分离株目录

Lactobacillus fermentum（1 株）　发酵乳杆菌

HBUAS53314　　←JNA4-4；分离源：湖北古襄阳酒业有限公司浓香型白酒窖泥；分离时间：2018 年；培养基和培养温度：BLM，37 ℃；GenBank 序列号　MH656924。

Lactobacillus paracasei（54 株）　副干酪乳杆菌

HBUAS53301　　←JNA1-1；分离源：湖北古襄阳酒业有限公司浓香型白酒窖泥；分离时间：2018 年；培养基和培养温度：BLM，37 ℃；GenBank 序列号　MH656911。

HBUAS53302　　←JNA1-2；分离源：湖北古襄阳酒业有限公司浓香型白酒窖泥；分离时间：2018 年；培养基和培养温度：BLM，37 ℃；GenBank 序列号　MH656912。

HBUAS53303　　←JNA1-3；分离源：湖北古襄阳酒业有限公司浓香型白酒窖泥；分离时间：2018 年；培养基和培养温度：BLM，37 ℃；GenBank 序列号　MH656913。

HBUAS53304　　←JNA2-1；分离源：湖北古襄阳酒业有限公司浓香型白酒窖泥；分离时间：2018 年；培养基和培养温度：BLM，37 ℃；GenBank 序列号　MH656914。

HBUAS53305　　←JNA2-2；分离源：湖北古襄阳酒业有限公司浓香型白酒窖泥；分离时间：2018 年；培养基和培养温度：BLM，37 ℃；

GenBank 序列号　MH656915。

　　HBUAS53306　　←JNA3-1；分离源：湖北古襄阳酒业有限公司浓香型白酒窖泥；分离时间：2018 年；培养基和培养温度：BLM，37 ℃；GenBank 序列号　MH656916。

　　HBUAS53307　　←JNA3-2；分离源：湖北古襄阳酒业有限公司浓香型白酒窖泥；分离时间：2018 年；培养基和培养温度：BLM，37 ℃；GenBank 序列号　MH656917。

　　HBUAS53308　　←JNA3-3；分离源：湖北古襄阳酒业有限公司浓香型白酒窖泥；分离时间：2018 年；培养基和培养温度：BLM，37 ℃；GenBank 序列号　MH656918。

　　HBUAS53309　　←JNA3-4；分离源：湖北古襄阳酒业有限公司浓香型白酒窖泥；分离时间：2018 年；培养基和培养温度：BLM，37 ℃；GenBank 序列号　MH656919。

　　HBUAS53310　　←JNA3-5；分离源：湖北古襄阳酒业有限公司浓香型白酒窖泥；分离时间：2018 年；培养基和培养温度：BLM，37 ℃；GenBank 序列号　MH656920。

　　HBUAS53312　　←JNA4-1；分离源：湖北古襄阳酒业有限公司浓香型白酒窖泥；分离时间：2018 年；培养基和培养温度：BLM，37 ℃；GenBank 序列号　MH656922。

　　HBUAS53313　　←JNA4-3；分离源：湖北古襄阳酒业有限公司浓香型白酒窖泥；分离时间：2018 年；培养基和培养温度：BLM，37 ℃；GenBank 序列号　MH656923。

　　HBUAS53315　　←JNA4-5；分离源：湖北古襄阳酒业有限公司浓香型白酒窖泥；分离时间：2018 年；培养基和培养温度：BLM，37 ℃；GenBank 序列号　MH656925。

　　HBUAS53316　　←JNA4-6；分离源：湖北古襄阳酒业有限公司浓香型白酒窖泥；分离时间：2018 年；培养基和培养温度：BLM，37 ℃；GenBank 序列号　MH656926。

HBUAS53317　　←JNA4-7；分离源：湖北古襄阳酒业有限公司浓香型白酒窖泥；分离时间：2018 年；培养基和培养温度：BLM，37 ℃；GenBank 序列号　MH656927。

HBUAS53318　　←JNA5-1；分离源：湖北古襄阳酒业有限公司浓香型白酒窖泥；分离时间：2018 年；培养基和培养温度：BLM，37 ℃；GenBank 序列号　MH656928。

HBUAS53319　　←JNA5-2；分离源：湖北古襄阳酒业有限公司浓香型白酒窖泥；分离时间：2018 年；培养基和培养温度：BLM，37 ℃；GenBank 序列号　MH656929。

HBUAS53320　　←JNA5-3；分离源：湖北古襄阳酒业有限公司浓香型白酒窖泥；分离时间：2018 年；培养基和培养温度：BLM，37 ℃；GenBank 序列号　MH656930。

HBUAS53321　　←JNA5-4；分离源：湖北古襄阳酒业有限公司浓香型白酒窖泥；分离时间：2018 年；培养基和培养温度：BLM，37 ℃；GenBank 序列号　MH656931。

HBUAS53322　　←JNA7-1；分离源：湖北古襄阳酒业有限公司浓香型白酒窖泥；分离时间：2018 年；培养基和培养温度：BLM，37 ℃；GenBank 序列号　MH656932。

HBUAS53323　　←JNA7-2；分离源：湖北古襄阳酒业有限公司浓香型白酒窖泥；分离时间：2018 年；培养基和培养温度：BLM，37 ℃；GenBank 序列号　MH656933。

HBUAS53324　　←JNA7-3；分离源：湖北古襄阳酒业有限公司浓香型白酒窖泥；分离时间：2018 年；培养基和培养温度：BLM，37 ℃；GenBank 序列号　MH656934。

HBUAS53325　　←JNA7-4；分离源：湖北古襄阳酒业有限公司浓香型白酒窖泥；分离时间：2018 年；培养基和培养温度：BLM，37 ℃；GenBank 序列号　MH656935。

HBUAS53326　　←JNA7-5；分离源：湖北古襄阳酒业有限公司浓

香型白酒窖泥；分离时间：2018 年；培养基和培养温度：BLM，37 ℃；GenBank 序列号 MH656936。

    HBUAS53327 ←JNA7-6；分离源：湖北古襄阳酒业有限公司浓香型白酒窖泥；分离时间：2018 年；培养基和培养温度：BLM，37 ℃；GenBank 序列号 MH656937。

    HBUAS53328 ←JNA7-8；分离源：湖北古襄阳酒业有限公司浓香型白酒窖泥；分离时间：2018 年；培养基和培养温度：BLM，37 ℃；GenBank 序列号 MH656938。

    HBUAS53329 ←JNA8-1；分离源：湖北古襄阳酒业有限公司浓香型白酒窖泥；分离时间：2018 年；培养基和培养温度：BLM，37 ℃；GenBank 序列号 MH656939。

    HBUAS53330 ←JNA8-2；分离源：湖北古襄阳酒业有限公司浓香型白酒窖泥；分离时间：2018 年；培养基和培养温度：BLM，37 ℃；GenBank 序列号 MH656940。

    HBUAS53331 ←JNA8-3；分离源：湖北古襄阳酒业有限公司浓香型白酒窖泥；分离时间：2018 年；培养基和培养温度：BLM，37 ℃；GenBank 序列号 MH656941。

    HBUAS53332 ←JNA9-1；分离源：湖北古襄阳酒业有限公司浓香型白酒窖泥；分离时间：2018 年；培养基和培养温度：BLM，37 ℃；GenBank 序列号 MH656942。

    HBUAS53333 ←JNA9-2；分离源：湖北古襄阳酒业有限公司浓香型白酒窖泥；分离时间：2018 年；培养基和培养温度：BLM，37 ℃；GenBank 序列号 MH656943。

    HBUAS53334 ←JNA9-3；分离源：湖北古襄阳酒业有限公司浓香型白酒窖泥；分离时间：2018 年；培养基和培养温度：BLM，37 ℃；GenBank 序列号 MH656944。

    HBUAS53335 ←JNB3-1；分离源：湖北古襄阳酒业有限公司浓香型白酒窖泥；分离时间：2018 年；培养基和培养温度：BLM，37 ℃；

GenBank 序列号　MH656945。

　　HBUAS53336　←JNB4-1；分离源：湖北古襄阳酒业有限公司浓香型白酒窖泥；分离时间：2018 年；培养基和培养温度：BLM，37 ℃；GenBank 序列号　MH656946。

　　HBUAS53337　←JNB4-2；分离源：湖北古襄阳酒业有限公司浓香型白酒窖泥；分离时间：2018 年；培养基和培养温度：BLM，37 ℃；GenBank 序列号　MH656947。

　　HBUAS53338　←JNB4-3；分离源：湖北古襄阳酒业有限公司浓香型白酒窖泥；分离时间：2018 年；培养基和培养温度：BLM，37 ℃；GenBank 序列号　MH656948。

　　HBUAS53339　←JNB4-4；分离源：湖北古襄阳酒业有限公司浓香型白酒窖泥；分离时间：2018 年；培养基和培养温度：BLM，37 ℃；GenBank 序列号　MH656949。

　　HBUAS53340　←JNB4-5；分离源：湖北古襄阳酒业有限公司浓香型白酒窖泥；分离时间：2018 年；培养基和培养温度：BLM，37 ℃；GenBank 序列号　MH656950。

　　HBUAS53341　←JNB5-1；分离源：湖北古襄阳酒业有限公司浓香型白酒窖泥；分离时间：2018 年；培养基和培养温度：BLM，37 ℃；GenBank 序列号　MH656951。

　　HBUAS53342　←JNB5-2；分离源：湖北古襄阳酒业有限公司浓香型白酒窖泥；分离时间：2018 年；培养基和培养温度：BLM，37 ℃；GenBank 序列号　MH656952。

　　HBUAS53343　←JNB5-3；分离源：湖北古襄阳酒业有限公司浓香型白酒窖泥；分离时间：2018 年；培养基和培养温度：BLM，37 ℃；GenBank 序列号　MH656953。

　　HBUAS53344　←JNB5-4；分离源：湖北古襄阳酒业有限公司浓香型白酒窖泥；分离时间：2018 年；培养基和培养温度：BLM，37 ℃；GenBank 序列号　MH656954。

HBUAS53345　　←JNB5-5；分离源：湖北古襄阳酒业有限公司浓香型白酒窖泥；分离时间：2018 年；培养基和培养温度：BLM，37 ℃；GenBank 序列号　MH656955。

HBUAS53346　　←JNB7-1；分离源：湖北古襄阳酒业有限公司浓香型白酒窖泥；分离时间：2018 年；培养基和培养温度：BLM，37 ℃；GenBank 序列号　MH656956。

HBUAS53347　　←JNB7-2；分离源：湖北古襄阳酒业有限公司浓香型白酒窖泥；分离时间：2018 年；培养基和培养温度：BLM，37 ℃；GenBank 序列号　MH656957。

HBUAS53348　　←JNB7-3；分离源：湖北古襄阳酒业有限公司浓香型白酒窖泥；分离时间：2018 年；培养基和培养温度：BLM，37 ℃；GenBank 序列号　MH656958。

HBUAS53349　　←JNB9-1；分离源：湖北古襄阳酒业有限公司浓香型白酒窖泥；分离时间：2018 年；培养基和培养温度：BLM，37 ℃；GenBank 序列号　MH656959。

HBUAS53350　　←JNC 4-1；分离源：湖北古襄阳酒业有限公司浓香型白酒窖泥；分离时间：2018 年；培养基和培养温度：BLM，37 ℃；GenBank 序列号　MH656960。

HBUAS53351　　←JNC 4-2；分离源：湖北古襄阳酒业有限公司浓香型白酒窖泥；分离时间：2018 年；培养基和培养温度：BLM，37 ℃；GenBank 序列号　MH656961。

HBUAS53352　　←JNC 4-3；分离源：湖北古襄阳酒业有限公司浓香型白酒窖泥；分离时间：2018 年；培养基和培养温度：BLM，37 ℃；GenBank 序列号　MH656962。

HBUAS53353　　←JNC 4-4；分离源：湖北古襄阳酒业有限公司浓香型白酒窖泥；分离时间：2018 年；培养基和培养温度：BLM，37 ℃；GenBank 序列号　MH656963。

HBUAS53354　　←JNC 9-1；分离源：湖北古襄阳酒业有限公司浓

香型白酒窖泥；分离时间：2018 年；培养基和培养温度：BLM，37 ℃；
GenBank 序列号　MH656964。

　　HBUAS53355　　←JNC 9-2；分离源：湖北古襄阳酒业有限公司浓
香型白酒窖泥；分离时间：2018 年；培养基和培养温度：BLM，37 ℃；
GenBank 序列号　MH656965。

　　HBUAS53356　　←JNC 9-3；分离源：湖北古襄阳酒业有限公司浓
香型白酒窖泥；分离时间：2018 年；培养基和培养温度：BLM，37 ℃；
GenBank 序列号　MH656966。

Lactobacillus plantarum（1 株）　植物乳杆菌

　　HBUAS53311　　←JNA3-6；分离源：湖北古襄阳酒业有限公司浓
香型白酒窖泥；分离时间：2018 年；培养基和培养温度：BLM，37 ℃；
GenBank 序列号　MH656921。

附录　MRS 培养基配方

酪蛋白胨 10.0 g；牛肉浸取物 10.0 g；酵母提取液 5.0 g；葡萄糖 5.0 g；乙酸钠 5.0 g；柠檬酸二胺 2.0 g；吐温 80 1.0 g；磷酸氢二钾 2.0 g；七水硫酸镁 0.2 g；七水硫酸锰 0.05 g；琼脂 15 g；蒸馏水 1.0 L；pH 6.8。